Nostalgic Buildings

TOKYO

东 京
复 古 建 筑 寻 影

［日］仓方俊辅 著

方宓 译

华中科技大学出版社
http://www.hustp.com
中国·武汉

有书至美
BOOK & BEAUTY

乐享复古建筑带来的视觉盛宴

什么是复古建筑?

是让人感受到独特样式的建筑

在当下人们生活的地方,有一扇门通往另一个世界,一个不同于当下的世界。这扇"门"正是"复古建筑"。虽然统称为"复古建筑",但对于建筑样式和修建年代并无定义。那么究竟什么才是"复古建筑"呢?

之所以对一座建筑留下"复古"的印象,也许正因在其身上发现了不同于当下的"样式"吧。所谓"样式",是由各种各样的要素整合而成的状态。"复古"的感觉不显山、不露水,然而就在我们发现其独特的完整性的那一刻,"复古"的感觉便呼之欲出。这让我们不禁要去关注当年的人们与我们不同的生活方式,是他们营造出了这种完整性。征服我们的,不仅仅是那久远的年代,外观的气派,设计师的盛名,还有与当下建筑完全不同的一体性。与时代背景中的生活、场景之间的联系等各种重要元素,像能溶于水的物质一般,与建筑本身融为一体。

换言之,"复古"的东西就是具有"样式"的东西。人们通过这些东西,走进消逝的年代,从而产生怀旧的心情,发出"原来样式就在古老岁月里啊"的感叹。带着这样的心情,再来反观和重新审视自己的生活方式。

前文中说过,对"复古建筑"并没有定义修建年代。本书所介绍的复古建筑,聚焦于近代,即从幕府末期日本开国(1854年)至第二次世界大战结束(1945年)前所修建的西式建筑。虽然我们认为"与今日不同的样式"即"复古",但之所以选择这个时期的建筑,是因为它们最接近这一观点。

姑且以"旧岩崎家住宅洋馆"(右页)为例。该建筑与今日住宅的差异之处,在于它是一个有"风格"的洋馆。

为什么说这是一个有"风格"的洋馆呢?因为它是在100多年前,以19世纪末之前的建筑为模本,被刻意设计成洋馆样式的。因此,在它建成之时就已是"复古建筑"了。

日本开国前后,先进的欧洲各国普遍认为,以从前的建筑为模本修建的,具有整体感"风格"的建筑,便是了不起的建筑。日本认为,自己也要能够修建这样的建筑,如此方可与西方平起平坐。下定如此决心的年代,我们将其定义为近代。

欣赏·置身其中·感受

与室内装饰及小物件一样，建筑也是一种"复古"之物。不必摆出任何架势，轻松走在街头，盯住吸引您目光的那一栋建筑，注视片刻。当您懂得如何感受建筑，那一刻才真正开始。

当您注视它的时候，有没有哪个部分瞬间让您产生"上头"的感觉呢？是令人眼花缭乱的装饰，还是富有质感的材料，抑或是阴影在深浅不一的表面形成的动态？本书介绍的建筑身上，这些特点尤为突出，阅读时请特别留意。

含有诸多元素的建筑，才有资格被称为独特的建筑。在我们有意识地整理这些元素的过程中，一定会发现

越来越多值得我们关注的点。比如装饰与装饰之间如何关联，材料与材料如何组合，尺寸与尺寸如何平衡……而归结到最后一点，便是自古以来在建筑上备受重视的"比例"。即便是看起来无比复杂的建筑，只要在脑中试着用简单的线条加以替换，那么除了装饰和材料之外，您还会意外地发现比例之美。

因此，古今中外的建筑设计师们会到处旅行，并在旅途中写生。只有这样，才能随时获取令自己"上头"的元素，将其变成自己掌握的东西。不必介怀画技高低，请您务必多加尝试。

前面说过了"注视"一词，可是，无法一眼看尽全貌，这恰恰是建筑的有趣之处。建筑物当然不能转动，而

且建筑物是立体的，它还有内部结构，而通常其内部要划分成各个房间。所谓"空间"，便是划分这些房间的方式所营造出的"空气"。空间是可以由宽度、高度决定的，也受到采光方式以及材料的影响。如果不置身于建筑之中，是无法感受到这些的。比如"自由学园明日馆"（下）、"圣德纪念绘画馆"（上），比起"欣赏"它们，更重要的是"置身其中"。

空间也存在于建筑的外部。建筑挺立的外墙将街道划分得合理、美观，如"立教大学"（左页下）般，制造出人群聚集在天空之下的安全之感。一栋建筑无意间吸引我们目光的，也许是它的修建方法。如果将目光转向营造在建筑外部的空间，也许会让人联想到它与庭园或街道之间的关系。

建筑是无法一眼看尽其全貌的。从内部细节的装饰，一直到建筑与街道之间的关系，调动眼睛、身体、头脑所感知到的全部，对参观者来说就是"建筑"。这一切是不可能一次性全部用相机拍下来，用图纸展示出来，或用文字表达出来的。我们应该将自己的心自然地放置在当年的情景中，去感受穿梭于这些建筑的人们所穿着的服装，他们的举止，周围嘈杂或安静的环境，以及今天已不复存在的风景。

"复古建筑"是当下人们生活的地方通往另一个世界的门，一个与当下不同的世界。

探寻与人产生共鸣的"样式"

前面说过，有着与当下建筑不同的"样式"，且"有风格"的建筑便是"复古建筑"。用一个专业术语来定义，就是"样式主义建筑"。在建筑界，"样式"一词用于表示某个地区在一定时代中通用的设计方法。比如，中世纪的"罗马式"（Romanesque style）或"哥特式"（Gothic style），以及之后的15世纪出现的"文艺复兴样式"（Renaissance style）。

上文提到的"旧岩崎家住宅洋馆"属于"雅克比样式"（Jacobean style）。该样式主要是詹姆斯一世统治时代的称谓。"样式"的定义好比一个套盒，雅克比样式相当于英国文艺复兴样式的初期阶段。"样式"即英语中的"style"一词，也就是与时尚相同

目白圣公会圣圣锡里安圣堂

的意思。哪一种样式才适宜，要视情况与目的而定。本书介绍的构筑起近代、第二次世界大战之前的社会的建筑，便具有这种整体"风格"。

因此，"复古"中是有气质存在的。教堂一看便知是教堂，学校的外观一目了然，百货商店设计得令人怦然心动。工作场所不是箱子一般毫无生命的所在，无论是维持社会治安的消防署还是监狱，都通过外观向世人展示各自对社会所起的作用。

从不同人的个性出发，为这些建筑插上想象的翅膀。从前的建筑中，有着扎根于生活的样式。内心充满如此憧憬，将心灵与建筑产生的共鸣与时代的需要拼接起来。于是，每一次看到它们，我的眼前便会浮现这些伟大建筑师的面容。同时，我也能看见那些向内心的憧憬伸出双手迎接憧憬的美好，努力实现"风格"的人们。

由此可见，建筑、细节或流动的空气，每一个的存在方式都是何等重要。无法用"复古建筑"一个词来概括的，也正是复古建筑。因此，我们希望尽可能细致地编撰此书。

在翻阅此书时，如果您从摄影家下村忍先生利用新的样式拍摄的照片中，能够听见建筑的声音，看见健在的与仙逝的建筑师的面影，如果您能逐页找到属于自己的"样式"，那将是我的荣幸。

2016年10月
建筑史学家　仓方俊辅

庆应义塾图书馆旧馆

明治生命馆

目录

❦

I　上野·本乡地区

IV 新宿·池袋地区

V 涩谷·目黑地区

封面　东京国立博物馆　表庆馆
封二　旧岩崎家住宅洋馆

本书协力人员
设计　芝晶子（文京图案室）
插图　河中由香里
编辑　三好美香
　　　别府美绢（X-Knowledge）

区域地图

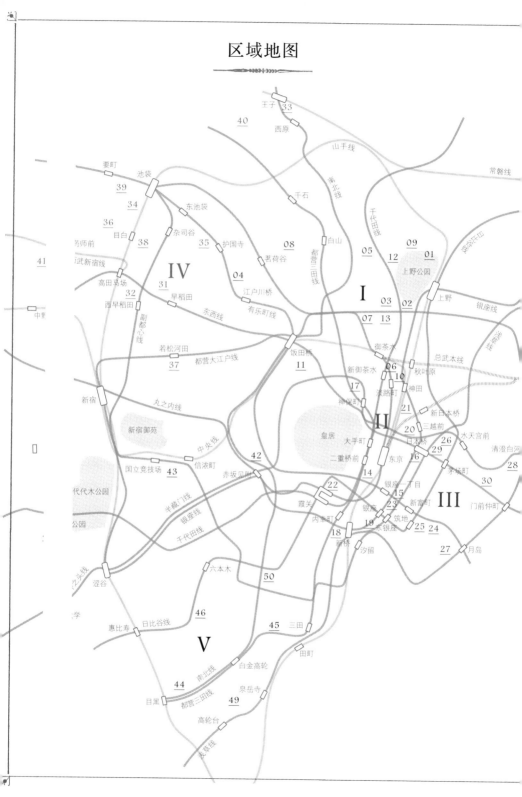

本书导读

❶ 建筑物（设施）的名称

❷ 刊载于本书中的号码（对应P12—13的地图）

❸ 设计者姓名（罗马拼音）

❹ 竣工年份（扩、改建仅记录大规模的工程）

❺ 设计者姓名/构造 层数（RC造表示钢筋混凝土结构、SRC造表示钢架钢筋混凝土结构）

❻ 营业时间、开放时间等

❼ 所在地/距离最近的车站

❽ 照片号码及说明（照片的号码对应相关说明）

注意事项

◎ 除日常对外开放建筑物的指定参观时间，禁止擅自进入。亦有设置开放日的情况。

◎ 本书所刊载的内容，取材截止时间为2016年10月。设施开放时间、用途、建筑外观、内部装修等可能会发生变化。敬请做好确认。

◎ 组团或以商业为目的的参观，敬请提前获得许可。许多设施在建筑用地或馆内不得拍照、摄影、写生，请遵守当地的规定。

◎ 希望爱好复古建筑的人士亦能遵守规范礼仪。

I

Ueno, Hongo
Area

上野·本乡地区

东京国立博物馆

表庆馆·主楼

糅合了日式设计之美的
西洋建筑

no.01

Tokuma Katayama

1908

Jin Watanabe,
Kunaisho Takumiryo

1937

[表庆馆]1908年/片山
东熊/红砖造2层
[主楼]1937年/渡边仁
+宫内厅内匠寮①/SRC
造2层、地下2层

① 指挥所属工匠修理宫中器物，管理营造的部门。

表庆馆是对日本大正天皇大婚表示庆贺，由国民捐资建造而成的。巍然耸立在侧的，是东京国立博物馆的主楼，第二次世界大战前称东京帝室博物馆。

"王室是美、传统与近代化的守护者"，这是当时西方人的思想。设计施工这栋2层建筑的初衷，是为了向世人表明，日本对于王室的定义也正是如此。因此该建筑的西式色彩极为浓厚，但同时也不乏日本传统特色的设计。

在欣赏过展品，感受过王室品位之后，让我们将目光投注在那些细小的设计上，看那个时代的建筑师们是如何苦心孤诣地追求美、创造美，在日式和西式风格之间达到微妙的平衡。

Data

开馆时间：9:30—17:00（入馆截止16:30）
休馆时间：周一、年末年初
※时间表会随季节变更。特展的开馆时间须提前确认

Access

东京都台东区上野公园13-9/从JR"上野"（公园口）、"莺谷"（南口）步行10分钟/从东京地铁银座线·日比谷线"上野"步行15分钟/从千代田线"根津"步行15分钟/从京成电铁"京成上野"步行15分钟

1.表庆馆最大的看点在于中央半球形屋顶。顶灯的光亮投射在打了阴影的工笔画上，从而制造出立体感。
2.在照明设施欠发达的年代，门也是人们采光的主要装置。这才有了彩色玻璃的诞生。
3.内部装修整体铺设大理石，以石膏做装饰——设计者片山东熊把正宗的法国风格搬到了这里。

1. 其外观令人不由联想起片山东熊随后完成设计的迎宾馆赤坂离宫。
2. 头顶火盆的狮子是取自西洋建筑的设计。
3. 守护在西式入口的2头石狮。右侧石狮张口、左侧石狮闭口则来自日本阿哞①的形象。
4. 面对面的两条龙之间夹着一个花盆，这是西式建筑的基本设计。但随着时代的更迭，这种设计也被用在像村林大厦（参考P105）这样的民间建筑之中。
5. 楼梯扶手是复古建筑中的关键，也是人们注目的焦点。
6. 随着时光沉淀更多韵味的天然材料。
7. 中央大厅中大胆的纹样。
8. 表庆馆两侧的楼梯是另一处看点。

① 立在寺院山门左右的仁王和狛犬之相，一个张嘴一个闭嘴。

1.东京国立博物馆主楼的鬼瓦①，似有种诙谐之气。

2.设计精致的装饰值得玩味。

3.经丝绸之路传入日本的唐草纹样，是连接西洋与东洋的纽带。

4.在灯光中"舞蹈"的唐草纹样。

5.主楼1层休息室内的墙壁。

6.面朝庭园的墙壁上也装饰着细腻的纹样。

7.主楼的入口大厅，是一处气势雄伟的中庭。

8.自然光与照明光同时穿透建筑上优美的装饰。

①日本古建筑装饰在垂脊上的构件之一。

西洋风格与东洋韵致

水乳交融

达到妙不可言的平衡

黑泽大厦

小川三知的
彩色玻璃艺术
在此达到至臻

将彩色玻璃这种文化移植到日本土壤中的人，名叫小川三知。他出身藩医①世家，却因痴迷绘画而入学东京美术学校，师从桥本雅邦学习日本画。后于1900年远渡重洋来到美国，习得彩色玻璃技法之后回到日本。人们在鸠山会馆 [P30]、小笠原伯爵邸 [P136] 等建筑上所看到的彩色玻璃装饰，均出自小川之手，他也因此在历史上留下了缔造日本彩色玻璃文化第一人的美名。

① 江户时代各藩的医生。

黑泽大厦最初是小川眼科医院，由承接小川三知衣钵的胞弟剑三郎开业经营。大厦建设期间，剑三郎将不少设计委托给三知操刀。从彩色玻璃聚光所产生的抽象的真实感，透光所营造的无边无际的中间色中可以看到，其设计风格完美地融合了日本与西洋的传统。

相信人眼功能能够见证奇迹的小川兄弟，将黑泽大厦打造成了一个博物馆。

Data

内部参观须预约/设公众开放日/联系方式：contact2014@kurosawa-bldg.com

Access

东京都台东区上野 2-11-6/从东京地铁千代田线"汤岛"步行 2 分钟；从银座线"上野广小路"步行 5 分钟

1.安装在大厦入口处的彩色玻璃，是升起在海平线上的太阳及蔷薇的图案。放射线、纵横线以及连接玻璃的引入线，都是增强设计效果的元素。
2.1 楼接待室的顶灯属于抽象派设计。
3.窗上的花朵在室内常开不败，是永远的点缀。

沉醉在
小川三知的
设计作品中

1.大厦各处都装饰着彩色玻璃。
2.小川的个性在于大量使用中间色，眼睛即使长久注视也不会产生不适之感。
3.既有日本画的创作经验，又掌握了西洋的技法，二者的融合产生出作品的抽象性。
4.格窗的设计，也适用于日式空间。
5.设计者偏爱生机勃勃的大自然。
6.曲面在大厦的外观与楼梯扶手上大量使用，令人生出梦幻之感。

Old Iwasaki House

旧岩崎家住宅洋馆

所有房间的装饰

无一重复

令人赞叹

no.03

Josiah Conder

1896

约西亚·肯德尔/木造2层、
带砖造地下室

这座宅邸是日本近代建筑之父亲自操刀设计的。1893年，岩崎久弥从其叔父岩崎弥之助手中，继承了由其父岩崎弥太郎所创建的三菱财阀。当时的三菱，正在丸之内建设红砖造的商业街。肯德尔于1877年受聘来到日本，首次向辰野金吾等一批日本设计从业者教授正统的建筑学。与此同时，他也作为公司的工程师参与建设。工程中最重要的宅邸设计被理所当然地交付予他。

这座宅邸具备了与其主人的地位匹配的厚重体量，同时也是供人居住、生活的场所。它有着雅各宾式的质朴，庭园一侧的阳台也在人们的居家生活中提供了各种便利。包括伊斯兰风格的女盥洗间在内，每个房间的装饰都各有特色，随着岁月的流逝，愈显深邃。拒绝虚饰的肯德尔风设计，在岩崎家宅邸上用到了极致。

Data

庭园开放时间：9:00—17:00（入园时间截止16:30）/休园：年末年初

Access

东京都台东区池之端1-3-45旧岩崎宅邸庭园/从东京地铁千代田线"汤岛"步行3分钟；从银座线"上野广小路"步行10分钟/从都营地铁大江户线"上野御徒町"步行10分钟/从JR"御徒町"步行15分钟

1.带状装饰线交叉或交织在一起的设计，称为带箍线条饰，这是雅各宾式的特征之一。站在建筑物的正面，可以看到环绕在屋顶下的压檐墙和窗上拱形的内侧等。
2.1层大多作为公共空间使用，2层则相对私密。这条楼梯既连接楼上、楼下，又相当于两个空间的切换"开关"，是洋馆建筑内部的一大看点。
3.2楼的阳台。天花板上有几布形的装饰条。竹节式柱身也是雅各宾式的特色，其工艺性毫无盛气凌人之势，与阳台空间的开阔感十分相称。

不同房间，不同设计

信步闲庭，移步易景

1.玄关处铺设马赛克瓷砖。凝神注视会发觉，每一块瓷砖都有各自的形状。
2.无论玻璃窗还是铁窗格，都留着手工的印记。
3.室内的昏暗恰恰突出了彩色玻璃的明亮。
4.最大胆的设计就在女盥洗室。天花板的装饰令人联想到中世纪哥特教堂的蔷薇花窗户，以及伊斯兰风格的拱形。
5.内部装修使用金唐革纸。
6.台球室设在一栋瑞士山间小屋风格的楼房中。
7.每个房间的壁纸，以及天花板的设计都各不相同。

鸠山会馆

恬静的田园风宅邸中
活跃着大自然的元素

no.04

Shin-ichiro Okada

1924

冈田信一郎/RC造3层、地下1层

Data

开放时间：10:00—16:00（周二—日）/
休馆时间：周一

Access

东京都文京区音羽1-7-1/从东京地
铁有乐町线"江户川桥"步行7分钟、
从"护国寺"步行8分钟

1

这是冈田信一郎为其在旧制中学①中结交的朋友鸠山一郎设计的宅邸，充满了田园风。宅邸内的客房足以接待众多来客，如果拆去隔断，还可以扩成一个阳光房。站在巨大的窗户前，向外眺望田园般的美景，想必连都市现实世界都会被抛诸脑后。彩色玻璃上也是一派绿意盎然，鸽子②在天际掠过，仿佛一个和平的理想国。

宅邸见证了鸠山一郎任职总理大臣的生涯。姓名中以"鸠"开头的子孙辈政治家们继承此宅邸，现作为鸠山会馆对外开放。设计者冈田构筑的这座宅邸，想必是为了让政治家置身现实世界，不忘心中理想，在从政道路上走得长远吧。

1.彩色玻璃上象征和平的鸽子，与柱式③（参考P52"明治生命馆"）共同构筑着自然的社会秩序。这是一个绘制在现实世界面前的理想国。

2.立在屋檐顶端的猫头鹰石雕，其用典来自罗马神话中的智慧女神密涅瓦④。

3.小川三知亲自设计的彩色玻璃，精湛的和风设计不愧其巨匠的盛名。这里也有鸽子飞翔的身影。

4.图案中的田园野趣，与建造宅邸时乡间风景相呼应。

① 日本战败前设置的男子中学。
② 在日语中，"鸽子"写作"鳩"（はと），暗示着二者之间的隐喻关系。
③ 原文来自建筑术语"order"（如"Doric Order"指多立克柱式）。该词与"秩序"的英语"order"相同，在此一语双关。
④ 栖落在密涅瓦女神身边的猫头鹰是思想和理性的象征。

沐浴在日光中的乡间宅邸

1.阳光房设计属于优美、明快的亚当样式^①，这是对古罗马的精神向往催生出的样式，在英国的乡间宅邸中十分常见。
2.彩色玻璃象征着果实丰硕的田园。
3.玻璃与瓷砖是永不褪色的复古元素。
4.宅邸的外观设计充分考虑到从庭园眺望室内的景观。古典的三连拱形强调出了建筑的整体感。
5.玄关处雕刻鹿头、鸽子，与满园绿意相映成趣，期待着您来园中一探究竟。

①欧洲建筑样式之一。

根津教堂

蓝色的下见板①
红色的尖顶
下町的教堂

no.05

Paul Stephan mayer

1919

保罗·斯蒂芬·梅尔/木造 平房

Access

东京都文京区根津1-19-6/从东京地
铁千代田线"根津"步行8分钟

①用于外壁加工的木制横板。

这样的教堂曾经在您读过的绘本中出现过吗？该建筑约在100年前献堂[①]，并且在关东大地震中幸存下来，至今仍伫立在根津。

从塔形屋顶下的入口进入，跃进眼帘的便是礼拜堂。讲经台站立一隅，其对面是摆放紧密的扇形长凳。如此布局便于信众将注意力集中在十字架与牧师布道。

在保留着古典氛围的小镇上，这座教堂已然成为此地的地标。左右对称的屋顶温柔地护佑着人们生活的空间，木造的墙壁外覆下见板，显得朴实无华。正因每一处装饰都发挥着实际作用，此地的氛围和生活状态才得以历久弥新。从这优美如画的环境中，似也能看见守护这份美好的人们那纯净的内心。

① 将新建的教堂建筑献予教会的仪式。

1.木造建筑的外墙覆盖质朴的下见板。尖屋顶、拱形窗为教堂增添了哥特风。

2.在基本呈正方形的教堂内部因地制宜，将讲经台设在教堂一隅。

3.教堂与其周围的街道一起，在关东大地震、东京大轰炸中幸存下来，至今仍是人们寄托信仰的所在。

4.格窗般的彩色玻璃，将日光过滤成柔光，送进礼拜堂。

mAAch ecute Kanda Manseibashi

mAAch ecute
神田万世桥

记录繁华过往的
红砖造
"万世桥"车站

no.06

1912
1935

砖造+RC造

历史遗迹未必就是废墟和草苫子，万世桥车站经受过岁月年深日久的风吹雨打，在自然力量的作用下终成经典，自有其令人赞叹的魅力。那些在老建筑上涂脂抹粉，打扮成新建筑般光鲜亮丽的行为，反而令人感到失望。

"万世桥"车站从未被如此粉饰过。它于1912年建成，1935年大规模改建。自1943年起停用的旧万世桥站月台及楼梯被翻修成商业设施，其魅力随着岁月的累积而逐渐沉淀。

2

3

Data

开放时间：周一一六11:00—22:00、周日·法定节假日11:00—20:30/[明桥面]开放时间：周一一六11:00—22:30、周日·法定节假日11:00—20:30

※商店·餐馆营业时间请另行确认

Access

东京都千代田区神田须田町1丁目25番地4/从JR"秋叶原"（电气街口）步行4分钟、"神田"步行6分钟/从东京地铁日比谷线"秋叶原"（3号出口）步行6分钟、从银座线"神田"（6号出口）步行2分钟、从千代田线"新御茶水"（A3出口）步行3分钟

1.神田川沿岸全景。万世桥的主柱（图中靠前位置）也很具欣赏价值。这部分完工于1930年。
2.精工砌就的红砖、雕刻精美的花岗岩。
3.从神田川沿岸步道上拍摄的景致。

红砖与混凝土共存
是明治与平成两个时代
交汇而成的景致

1.万世桥车站启动营运时建造的"1912台阶"。从花岗岩和稻田石上切割下的石料极为厚重。

2.瓷砖之间的接缝向外突起的高难工艺称为"覆轮目地",被应用于1912台阶的施工。

3.取材天然的石料上,是多少年来人们踩过的印记。

4."1935台阶"是于1935年建造的车站台阶,因是混凝土材料,外观显得较为现代。

5.大规模改建时架起的铁制横木,已被移到其他铁桥上使用。

6.瓷砖与石头搭配出了节奏感。

7.考究的商店、咖啡店以拱梁互相连贯,营造出回环流动性较强的空间。

8.摆放在馆内的旧万世桥车站模型。如有机会亲临怀古,想必也是件乐事。

The United Church of Christ in Japan, Hongo Central Church

日本基督教団
本乡中央教堂

雄伟的哥特式
白墙教堂

no.07

J.H.Vogel
Shino.u Kawasaki

1929

约书亚·H·沃格尔+川
崎忍/RC造4层

　　教堂设立于1890年。因希望向具有社会影响力的学生灌输基督教思想,教堂便选址在东京大学和御茶水女子大学附近,并取名为"中央会堂"。最初的设想是在教堂中举办集会、音乐会,开设国内外杂志阅览室,将其作为传播知识的场所。

　　初建的木造教堂在1923年关东大地震中烧毁,后以钢筋水泥重建,使用至今。现1楼用作幼儿园,2楼以上用作教堂,是一座立体结构的坚实建筑。

　　这座既是教堂又是大厦的建筑,已走过了3个世纪的漫长岁月。

Data

一般情况禁止入内

Access

东京都文京区本乡3-37-9/从东京地铁丸之内线"本乡三丁目"步行2分钟

1.这座古老建筑作为传播文化的"中心",气势丝毫不逊于其门前的大街。
2.建筑内外部的细节都标志着哥特教堂的风格。
3.教堂在关东大地震后重建时,周边的建筑规划已开始向高层化发展,为免于被埋没其中,教堂增建了厚重的角塔。

东京大学综合研究博物馆

小石川分馆　建筑博物馆

朱红色墙壁掩映于绿树丛中
打造和洋结合的个性建筑

no.08

1876

木造2层

便于移建、改建，是日本木造建筑的特点之一。1876年，在东京大学本乡校园内初建的东京医学校的主楼，于1911年从今天东大医院的位置，被移至赤门旁。同时，该建筑的纵深被缩短，装设在屋顶的钟楼被缩小，正面的车棚设计加入了日式特色。至此，该建筑的样貌已与今天所见基本相同。20世纪60年代又从本乡被移至小石川植物园内。2001年作为东京大学综合研究博物馆小石川分馆正式开馆。

数度移建的经历，被铭刻在了木头之中。改建为博物馆时，2楼的天花板局部被拆卸，露出了木料本体，其他部分也有类似做法。无论是建筑还是博物馆内的展品，这种"糟蹋东西"的理念倒是会给后世留下一些意想不到的价值。

Data

开馆时间：10:00—16:30（入馆截止16:00）/休馆时间：周一、二、三（如遇法定节假日则开馆）、年末年初、其他馆内自行规定的时间

Access

东京都文京区白山3-7-1/从东京地铁丸之内线"茗荷谷"步行8分钟

1.木造的2层楼建筑伫立在小石川植物园对面。
2.为车棚设计的透雕，糅合了日本寺院建筑的风格，看起来十分华美。
3.阳台上使用了拟宝珠①。建筑在明治末期被移至赤门旁时，为了搭配赤门的设计风格，在建筑中添加了不少日式元素。

① 置于寺院外椽或桥栏杆等柱头上的装饰。

木造建筑的灵魂——

梁、柱、榫眼

4

1.安装在楼梯旁的时钟，1924年制造。

2.馆内展出东京大学本乡校园古老的校舍建筑模型。按照1:100的比例做成的木制模型，出自意大利顶级木工匠人之手，工艺精湛。

3.挂在馆内各处的照片，展示着关东大地震复兴时期，使用玻璃胶片拍摄的东京大学建筑的局部图像。镶照片的边框材料，来自旧东京中央邮电局的废弃窗框。

4.天花板经过了局部拆除，露出了木造的柱、梁的榫眼，这些便是该建筑增建、改建的历史记录。

5.铭刻在木头上的时间，赋予每一根柱子不同的"表情"。

5

东京艺术大学
红砖1号馆·2号馆

建筑历史逾130年
典雅的
红砖建筑

no.09

Tadayoshi Hayashi

1880

Noriyuki Kojima

1886

[1号馆]1880年/林忠
恕/砖造2层
[2号馆]1886年/小岛宪
之/砖造3层

明治初期著名的木工出身的工程师林忠恕，听说过他的人并不多。他曾经担纲修筑过初代大藏省及其他国家和地方政府机关，但后来这一工作被接受过正统建筑教育的建筑师所取代。毕业于美国康奈尔大学建筑学系的小岛宪之，也是一个值得铭记的人物。他是日本较早接受建筑教育的人之一，学成回国之后基本没有设计作品，他更为人所知的，也许是任教第一高等学校，还曾是夏目漱石的英语老师这段履历吧。

东京艺术大学1号馆、2号馆分别出自林忠恕和小岛宪之之手，是他们极为重要的作品。40年前决定将其拆毁，在刮除涂刷在外墙的灰浆后，被发现这是一栋红砖砌的古老建筑，才得以逃过拆毁的命运，保留至今。这栋建筑仿佛2位建筑师的丰碑，伫立在树丛之中。

Data
内部一般情况不对外开放

Access
东京都台东区上野公园12-8/从JR"上野""莺谷"步行10分钟

1.红砖1号馆坐落在东京艺术学系音乐系内，最初是今天国立科学博物馆的前身——教育博物馆的书库。
2.毗邻的2号馆，建成之后被用作东京图书馆的书籍阅览馆的书库。
3.依照圆形窗户的形状制造的铁窗门相当厚重。
4.虽然1、2号馆不乏相似之处，但2号馆更加凸显了建筑师之手营造的层次感。

山本齿科医院

诞生于震灾复兴时期的现代建筑

Yamamoto
Dental Clinic

no.10

1928

木造3层

Access

东京都千代田区神田须田町1-3/从都营地铁新宿线"淡路町"步行2分钟

楼下用于开门营业，楼上用于居家生活。这栋既沿袭江户时代的做法，又具有现代气息的木造建筑，其主人真不愧是一名医生。窗户形状雅致、安装得宜，1、2层间的外墙上装饰着清新的瓷砖。从右到左写着齿科医院名的看板，比例协调地挂在2、3层之间。

小镇医生与当地人的关系密不可分，是当地人仰仗的对象。他们的存在让我们知道，在日本各地的小乡镇中还保留着一些相对"时髦"的小诊所，而在东京的中心地带，我们可以邂逅这样一份贴心的温暖。

东京路德中心教堂

样式时尚的北欧风教堂

Tokyo Lutheran
Center Building

no.11

Eikichi Hasebe

1937

长谷部锐吉/SRC造4层、地下1层

Access

东京都千代田区富士见1-2-32/从JR"饭田桥"步行5分钟

这座作为东京神学研究所而建的建筑中，彰显着长谷部竹腰建筑事务所的个性。该事务所创立于1933年，主创人为长谷部锐吉与竹腰健造，第二次世界大战后发展成为日建设计，现参与东京都内各种大型工程的建设。

直线与拱形有如协奏曲般充满浪漫情调，教堂的基督教风格即便用现代的眼光看，也丝毫不减其"时尚"的本色。当年设计团队的诉求便是因应近代化社会的需求，将脑中蓝图付诸实际。

上田邸

珍贵的4层木造建筑涂刷灰浆以营造石壁风

Ueda House

no.12

1929

木造4层

Access

东京都台东区池之端3-3-19/从东京地铁千代田线"根津"步行5分钟

宅邸的墙面上划着石材堆砌的接缝，玄关两侧立着爱奥尼亚柱式的圆柱，柱面装饰拉面大碗般的几何形图案，也是对古希腊建筑风格的借用。乍看之下，这不正是一所建筑家设计的石造宅邸吗？

然而眼见未必为实，事实上这是一座木

建筑。宅邸的建造者曾在上海居住过，因此将当地西洋建筑的风格嫁接在了这栋宅邸中。这样的建筑在当年十分罕见，因此前来参观的人络绎不绝，今天的人们仍对那丰富多彩的设计津津乐道。

荣大厦

造型、配色复古的装饰艺术风格[1]建筑

Sakae Building

no.13

1934

RC造4层、地下1层

Access

东京都文京区本乡3-38-10/从东京地铁丸之内线/都营地铁大江户线"本乡三丁目"步行1分钟

这是一栋面朝十字路口的建筑。2个拱形装饰并列，是西洋的传统风格。而左右塔状的造型则令人联想起1930年在纽约建成的克莱斯勒大厦，那是一座装饰艺术风格的摩天大楼。玄关使用了从美国传入日本，当时非

常流行的建筑材料——赤陶土，齿轮状的造型也属于装饰艺术的流派。整座楼便是建筑在华丽的样式主义[2]与几何式的装饰艺术风格的交叉点上。

---

① 即"Art Deco"，是当时的欧美（主要是欧洲）中产阶级追求的一种艺术风格。
② 意大利16世纪中后期的美术流派。

约西亚·肯德尔

Josiah Conder◎1852年生于英国伦敦，卒于1920年。1877年来日，在工部大学校进行最早的正统建筑教育。除本书收录的作品之外，其现存于日本的建筑还包括网町三井俱乐部（东京都港区，1913年）、诸户清六宅邸（现六华苑，三重县桑名市，1913年）、旧古河邸（东京都北区，1917年）等。

[本书收录作品：旧岩崎家住宅洋馆→P26]

怀揣年轻的热情，为日本的建筑设计、教育奠定基础

约西亚·肯德尔作为日本政府的"聘用外国人"①之一，于1877年1月来到日本，彼时他年方24。

为了引进人才，奠定日本建筑的学术、制度，日本不惜以相当于当时政府顶级官员薪俸的报酬聘用外国人，即便年轻如约西亚·肯德尔。然而，聘用标准却绝不含糊。来日之前，约西亚·肯德尔便服务于著名建筑师威廉·伯吉斯的设计事务所，并荣获英国皇家建筑师学会颁发的索恩奖，是一个前途无量的年轻建筑师。他一开始与日本签订了5年的聘用协议。初来日本时，他也许想从这个经济尚不发达，但以美术闻名全球的远东国家取经回英，在国内开创自己的事业。

但肯德尔还是迎娶了日本女子前波久米，并有一子（年轻时与艺伎所生），在日本终老一生。

但在肯德尔之前，日本几乎没有真正意义上的建筑师。他来日本之后，很快就设计了日本首个博物馆——上野

博物馆（1881年），以及教科书上的常客——鹿鸣馆（1883年）等国家级的设施。1890年，肯德尔在其聘用协议到期后，直接入职三菱会社担任顾问，设计了三菱一号馆（1894年）、岩崎家住宅洋馆（1896年）等。在他的设计生涯中，以宅邸为主的设计源源不断。

对于聘请来日的外国人，日本政府不仅希望他们建造正宗的西洋建筑，也希望他们对日本的教育有所贡献。从培育出辰野金吾、片山东熊等人才开始，肯德尔成功地打造了由日本人独力担纲的建筑教育、设计体系。

1920年，肯德尔早年的学生之一曾祢达藏在其逝世时，曾回忆如何邂逅这位与自己同龄的老师，并深情地说："老师既温和又诚恳，实在让我欣喜。"

肯德尔怀着对日本的向往与敬意，带着青春的热情来到日本，这是我们的幸运。此后作为在此发展西洋建筑第一人被载入历史史册，想必肯德尔的心情也是一样吧。

---

① 从幕府末期到明治时期，通过引进欧美的技术、学术、制度来推进"殖产兴业"和"富国强兵"的政府、府县等聘请的外国人。

II

Ginza,
Marunouchi
Area

银座·丸之内地区

Meiji Seimei Kan

明治生命馆

浓缩在古典主义样式中的
雅致空间

no.14

Shin-ichiro Okada

1934

冈田信一郎/RC造8层、
地下2层

1

这是在日本最能感知柱式魅力的建筑。柱式是具有一定结构、装饰、比例的柱子。文艺复兴时期被重新估值，并赋予"古典主义"之名的样式，在公元前6世纪至1世纪前后的古希腊确立其地位，后由罗马帝国继承发展而来。柱式便是其基本要素。

该建筑中并排树立着柯林斯式柱，外观整齐美观。铁片的叶形装饰工艺精妙，柱子下部变粗，呈弧形。因着这种柱式，这座位居顶级地段、拥有无敌视野的建筑更显巍峨，同时也随着时间和天气的变化而给人以不同的感受。

在建筑上永远以人为本的做法，使一个偌大的空间也充满着人情味。

Data

开放时间：周六·日11:00—17:00、周一·四·五16:30—19:30（平日开放区域为2楼局部、1楼贵宾室）
＊法定节假日、年末年初除外

Access

东京都千代田区丸之内2-1/从JR"东京"（丸之内南口）步行5分钟、"有乐町"（国际论坛口）步行5分钟/从东京地铁千代田线"二重桥前"（3号出口）直达

1.从外看起来冷冰冰的拱形窗，一旦进入室内观看，其印象完全不同。
2.在意大利大理石铺设的台阶上做出的人造色斑，也是一种匠心的体现。
3.营业大厅中的照明，来自中庭安装的吸顶灯。

从电梯

到邮件传输装置

馆内设备应用了当时最先进的技术

1.4.美国奥的斯电梯公司制造的电梯，以及电梯外侧的操作面板。

2.设在2楼的员工食堂，依靠这部电梯上下运送餐食。层数显示面板及时钟保持着当年的样子。

3.邮件传输设置是战前的模式，因此文字浏览方向为从右向左。

5.10根柯林斯式柱巍峨地树立在内堀通沿岸，在仰视角度下，其造型却显得十分细腻。入口处上方阳台式的装饰，给人以开门迎客之感。

6.1楼外墙做成石积①风格，看起来像石柱的基石。

————————
①利用石头堆砌出石墙。

馆中处处可见古罗马风

的优美设计

1.灯光柔和地倾泻在台阶上。在地下餐厅举办婚礼的新人
也会在此拍照。
2.顶灯周边的天花板，装饰着古典主义样式的华丽图案。
希腊建筑中常见的叶形装饰美轮美奂。
3.4.每个房间必备的壁炉。柱头以羊头或葡萄造型装饰。
5.饭堂的天花板或梁上装饰葡萄及藤蔓的石膏浮雕。
6.走廊两旁是为数众多的接待室，玻璃门上写满复古的气息。
7.1946年的第一届对日理事会在2楼的第1会议室中召开，
联合国军总司令麦克阿瑟将军出席会议并发表演说。
8.2楼的部分走廊面朝中庭。
9.大理石墙面上装饰古典风格的浮雕。

Okuno Building

奥野大厦

1932年建造
银座首屈一指的复古公寓

no.15

Ryoichi Kawamoto

1932
1934

川元良一/RC造6层、
地下1层

这座建于昭和初期的集合住宅①名为"银座公寓",在当时是走在时代前端的建筑,第二次世界大战后作为大楼出租,现在有许多个性化的画廊集中于此。

无论是外观还是建筑的功能,银座公寓都不讨喜。也正因为如此,它不随波逐流,永远悠然自得,反而将人们的脚步吸引至此。

正对银座公寓来看,左侧部分是

① 日本学界一般将法规上"多个家庭居住于一栋建筑物中的住宅形态"统称为集合住宅。

1932年完工的1期,右侧部分是1934年完工的2期。格局基本相同,但窗户的位置有着微妙的差别。正中并排着2个楼梯间,是建筑增建过的明证。富有历史感的瓷砖和电梯,令怀旧的人恋恋不舍。整齐的窗户面街而设,那表情似乎在说着"只要不给人添麻烦,随便怎么样都行"。无论是当年还是现在,这栋建筑的面目都是属于城市的。

Data

由租户决定

Access

东京都中央区银座1-9-8/从东京地铁有乐町线"银座一丁目"(10号出口)步行1分钟、银座线·日比谷线·丸之内线"银座"(A13号出口)步行7分钟

1.1期与2期之间立着2面墙,贴着同样的面砖。7楼部分是第二次世界大战后增建的。
2.手动式电梯,以指针指示楼层。
3.玄关处的小窗透着手工制作的古朴质感。

遺留在银座黄金地段的

『奇迹』

充满魅惑

1.女洗手间门上的标志是一个淑女。
2.新鲜又特殊的字体，在今天已十分罕见。
3.玻璃砖象征着复古的摩登。
4.5.306室中保留着"须田"美容室的内部装修，该美容室从昭和时代起便在此开业。室内用钢筋水泥搭建的横梁至今还保留着当时的模样。
6.木制的楼梯扶手十分朴素。
7.门厅瓷砖的表面上釉加工，质感如陶瓷器一般，透着素雅的绿色和茶色。

日本桥高岛屋

纤柔细腻的日式匠心
蕴藏在庄严的西式建筑中

no.16

Yasushi Kataoka,
Teitaro Takahashi,
Kenjiro Maeda

1933

片冈安＋高桥贞太郎＋
前田健二郎/SRC造8
层、地下2层

伦敦、巴黎、纽约……世界上任何一个大都市都必定少不了有来历的百货商店。器宇轩昂，引人注目。日本桥的高岛屋便是这样一家百货商店。

昭和初期修建高岛屋时，其所在地段的地位就已经举足轻重，因此承建方举办了"建筑设计竞赛"以公开征集设计方案。从征集到的390个方案中选拔出的设计案，至今仍令人赞叹。

高岛屋的设计者是当时一流的建筑师，也曾参与过学士会馆[P66]的设计。高岛屋以西式建筑为框架，其高妙毫不逊于西方本地的建筑，同时又在其中巧妙地加入了和风设计。当时公开征集设计方案的要求之一便是以东洋审美为基调。高岛屋既有着江户时代吴服店的渊源，又有通行世界的恢宏气象，不愧为国际都会——东京的百货商店。

Data

营业时间：10：30—19：30
＊地下2层餐饮街、8层特别食堂的营业时间：11：00—21：30

Access

东京都中央区日本桥2丁目4番1号/从JR"东京"（八重洲北口）步行5分钟/从东京地铁银座线·东西线"日本桥"B2出口/都营地铁浅草线"日本桥"步行4分钟

1.电梯由电梯小姐手动操作，这是日本桥高岛屋创店至今从未改变的代表性服务之一。
2.大楼正面朝向中央大道，台阶从玄关直抵中庭。柱子和栏杆均以大理石精心制造。
3.由于枝形吊灯是战时依照金属回收令提供的，所以由村野藤吾设计。

1.西洋风的饮水台与东洋风的格窗设计，以端庄的设计融合在一起。

2.1、2层的中庭处，并排着数根柱子。

3.天花板以古罗马风的构造与和风的金属设计相结合。

4.主要采用产自意大利的大理石，其中甚至可以见到约6600万年前便已绝迹的菊石。

5.外墙顶部运用了垂木与肘木设计，令人联想到日本建筑中的屋檐。

6.大楼正面使用装饰金属，以及掩盖钉子的装饰铁片，兼顾了实用性与美感。

7."高"的异体字"髙"，以及百货公司的英文名称都显示出了历史的厚重感。

8.和、洋设计元素都融合在这厚重的铁门之中。

9.正面以三个拱形并列装饰，这是西式建筑的基本手法。其中也融入了一些和风设计。

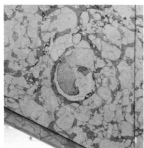

和洋设计元素交织的
建筑空间

Gakushi Kaikan

学士会馆

气度非凡
荣誉感十足的
学士殿堂

no.17

Teitaro Takahashi,
Toshikata Sano

1928

Akira Fujimura

1937

[旧馆]1928年/高桥贞太郎＋佐野利器/SRC造4层、地下1层
[新馆]1937年/藤村朗/SRC造5层、地下1层

"学士"二字听来便掷地有声，建设学士会馆的初衷，是为毕业于战前旧帝国大学的学士会会员提供专用的社交设施。如今，该会馆仍沿袭着创建时的荣誉感，作为集会、婚礼、宴会、住宿场所对非会员开放。

这类性质的社交设施称为俱乐部建筑，相当于会员之家。使之长久经营的必要条件不在于吸引新人的刺激感，而在于给人一份"宾至如归"的舒心自在。这就要求其外观简朴，内饰也充满家的感觉。让人们了解战前的俱乐部建筑究竟是什么样子，便成为学士会馆的珍贵价值所在。

装饰在旧馆正面玄关的半圆拱形橄榄枝，代表着睿智。内饰上则倾向于先进的维也纳分离派。也许设计者想要以此作品告诉世人，永远不要忘记那些以才智开拓未来的年轻岁月。

Data

具体信息与餐厅相关，如有需要请提前咨询

Access

东京都千代田区神田锦町3-28/从JR"御茶水"（御茶水桥口）步行15分钟/从东京地铁东西线"竹桥"（3a出口）步行5分钟/从都营地铁三田线·都营新宿线·东京地铁半藏门线"神保町"（A9出口）步行1分钟

1.台阶大厅的十二角形柱，是将人造石以铆钉固定住的造型。外形被刻意设计成轻巧的模样，由此可见其受到了维也纳分离派的影响。

2.201室是华丽的主宴会厅，至今保留着开馆当时的样子。

3.肃穆、沉稳的楼梯间氛围。

1.正面玄关。灯光映照着天花板上深深的刻纹。
2.201室的前厅，会馆初竣工时用来当作大食堂。装修风格超越了其功用。
3.201室前厅的天花板。
4.漆成深黑色的木门上，金属的门把手闪着光。
5.1937年增建的新馆安装了彩色玻璃。相较于10年前的旧馆，显得更加现代化。
6.拐角的曲线是该建筑典型的风格。
7.在玄关拱顶的重要位置上设置一块拱顶石，将橄榄表现为装饰图案。
8.201室中设有包厢，用来欣赏管弦乐表演。

在战争中幸免于难

经受岁月磨砺而出的

气度与风格

Hori Locks & Builder's Hardware

堀商店

见证街道不断变迁
的复古锁具商店

no.18

Toshio Kubo,
Masatsugu
Kobayashi

1932

公保敏雄 + 小林正绍 /
RC造4层

这家锁具制造商店，与日本西式建筑的历史一同走到今天。堀商店创业于1890年，当时主要从欧美进口锁具、房屋配件、壁炉配件等，在日本国内销售。大正初期开始自行制造、销售上述产品，逐渐奠定其在日本的地位。至今已有100多年历史，近年来在修缮、复原历史性建筑方面也起着不可替代的作用。

该店曾经是木造的西式建筑，后在关东大地震中损毁。现在的店面是用钢筋水泥重建起来的，从外观便知其坚固程度。那与十字路口十分相称的曲面，使人联想起金属配件的功能之美，对设计建筑细节的用心也不可忽视。这是一座与之相处的日子越长，越能发现其韵味的建筑。

担任设计的小林正绍，也曾参与过国会议事堂的设计。正如一把钥匙配一把锁具一样，这座建筑与这条街也已互不可分。

Access

东京都港区新桥2-5-2/从JR"新桥"步行4分钟/从都营地铁三田线"内幸町"步行2分钟

1.公用出入口的门上，用复古的字体写着店名。
2.建筑的曲面设计，远望也颇具美感。
3.内开内倒型的水平窗并排着。外墙贴着面砖。顶部的尖塔部分用来作为通风口。

1.2.正面的主立面部分的扭柱也是经过精心设计的。

3.正面玄关的地面上铭刻着"H"，是商店名"堀"（HORI）的首字母。

4.内部楼梯也仍保持着当年的模样。2楼有一条锁具展示廊。

5.从未改装过的大门，门把手也历尽沧桑。

6.地板上铺设黑白双色格的地砖，是典型的都市气质。

7.8.门旁的装饰，内部楼梯的扶手等细节都做得十分精美，令人不禁联想起金属配件的功能之美。

赋予细节处的设计

表现着金属配件的

功能之美

BORDEAUX（波尔多）

将世界各地的装饰
荟萃于此，浑然一体的
童话空间

1927

木造2层

"波尔多"是一家日本典型的"正统酒吧",供绅士们在此饮酒消遣。当我听说它诞生在昭和初期时,不觉大为惊讶。因为在日新月异的银座,一座建筑能从1927年留存至今,简直堪称奇迹。

但我之所以喜欢波尔多,是因为这里让人丝毫不觉被"银座老字号酒吧"这个名号所束缚。店内每个座席的氛围都各不相同,半圆形的小桌靠墙而立,有的座位靠近中庭。如此布局,令人如同身处路边的咖啡小馆。

在富于变化的空间中,来自世界各地的物件讲述着各自的经历。酒吧不拘泥于品牌形象,营造出如此自由的氛围,着实令人感到放松。

Data

营业时间:18:00—23:00/休业时间:周六·日、法定节假日

Access

东京都中央区银座8-10-7/从JR"新桥"步行6分钟

1.隐身于银座高楼大厦之间的古老建筑,厚重的门扉上铭刻着历史的印记,推开它似乎也需要勇气。

2.从1楼向上看去,2楼的装饰布局真如戏剧舞台般,散发着梦幻之感。

3.这是2楼的座席。每件家具都刻意放置在不同的位置。

让人不觉沉醉于
某个时代的异国情调之中

1.台阶使用火车轨道的枕木做成。
2.照明灯具的韵味亦值得细品，而且没有两盏是相同的。
3.张贴在柜台边的壁纸上，绘着神话题材的图案。
4.每一件家具都有故事。
5.厚重大门上的金属配件。
6.悬挂门前的灯在日落时分亮起，灯光虽然微弱，却也能
为入口照明。
7.1楼地面铺设石砖，以中庭为主的结构使空间变得开阔，
避免给人闭塞之感。

5

6

7

日本桥三越本店

使日本本土的百货商店
首次与世界级的百货商店比肩

no.20
Yokogawa
Koumusho

1914
1935

横河工务所/SRC造7
层、地下1层

阔大的中庭周围，琳琅满目的商品令人目不暇接，绅士、淑女在华丽装饰的缝隙间穿行。19世纪诞生于巴黎的百货商店，拉开了新世界的帷幕，令无数男女争相前往。

首个能与巴黎百货商店比肩的，是1914年竣工的日本桥三越本店。从1楼直升5楼的中庭大厅是体现大楼气派的象征性存在，在1935年关东大地震之后进行了修复、增建与改建，一直保留至今。然而，与宫殿般的旧貌不同，修复之后的大楼，加入了来自世界各地的装饰，以及当时流行的装饰艺术风格，整体氛围变得明快。隐藏在各种细节中的设计既时尚，又展现着战前装饰的丰富多彩。

1960年入驻的女神像也是一大景观。日本百货商店的发展史，完整地叠印在此。

Data

营业时间：10:30—19:30
＊新馆9层·10层餐厅：11:00—22:00

Access

东京都中央区日本桥室町1-4-1/从JR"新日本桥"步行7分钟、从"东京"（日本桥口）步行10分钟/从东京地铁银座线·半藏门线"三越前"步行1分钟、从东西线"日本桥"（C1出口）步行5分钟/从都营地铁浅草线"日本桥"步行5分钟

1.从店面装饰可以想象货品的极大丰富，令顾客在进店之前便生出购买欲。
2.放置在正面玄关处的迎宾石狮像，由英国雕刻家梅里菲尔德为其成形，于1914年完成。
3.经历了关东大地震后，商店的外观于1935年进行了修复、增建与改建，一直保留至今。端正的框架上加以精心而细致的装饰之后，更添了现代都市感。

建筑线条流畅的中庭大厅

似梦的羽翼般无限伸展

1.中庭大厅的半透明天花板。华美的装饰令其如彩色玻璃般熠熠生辉。

2.楼梯扶手为几何式的装饰艺术风格设计。

3.门把手的设计如丰饶的洋馆一般。

4.照明灯具也有着很强的设计感。面朝中庭的天花板为东洋风设计，色彩绚丽。

6.石狮像背后的细节如古迹般古朴。

7.面朝中庭的护墙板上也有多达6种设计。

1.立于中庭的女神像高达11米，由日本艺术院
会员佐藤玄玄在京都妙心寺内的画室中，偕同
其弟子共同制作，历时约10年。
2.无法以一种样式界定商店的内部装修。
3.至今仍有部分电梯由电梯小姐手动操作。
4.5.水牌、地铁入口处的文字标识，均采用复古
的排字艺术加以呈现。
6.中央玄关上部，店徽在阳光下闪耀着金光。
7.8.台阶大量铺设大理石。其中清晰可见菊石
的身影。

豪华装饰之中

遍布创意

每一处都在讲述历史

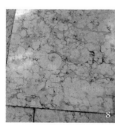

太洋商会　丸石大厦

罗马样式的动物石雕造型设计别出心裁

Taiyo Shokai
Maruishi Building

no.21

Toshiro Yamashita

1931

山下寿郎/SRC造6层、
地下1层

Access

东京都千代田区锻冶町
1-10-4/从JR"神田"
步行4分钟

1

在建筑上大量加入动物的形象，这是罗马建筑样式的明证。丸石大厦像中世纪的教堂、修道院一样，在柱头上加入猫头鹰或松鼠的造型，在拱形结构上加入牛或鱼的造型等。坐镇玄关两侧的石狮，脚下踩着羊，岿然而立。若您听说它们是从大厦对面移来此处的话，怕也要大吃一惊了吧[1]。现在大厦的背面，一条名为龙闲川的护城河在第二次世界大战后被填埋之前曾流经此处，河上货运船只往来不息。这是一座激发人们想象力的大厦，倒映在水面上的各种装饰设计引人怀旧。

3

---

[1] 今天入口处的2座石狮是从原来面朝护城河的4座中移过来的，另外2座保管在馆内仓库中。

1.表情乖顺的石狮。在大厦南侧原有4座石狮。
2.除动物之外，还有一些植物及老人面部的雕刻。
3.至今仍炙手可热的租户建筑。竣工时，1层是汽车展厅。

法务省旧主楼

新巴洛克样式的红砖建筑威风凛凛

Ministry of Justice
Old Main Building

no.22

Hermann Gustav
Louis Ende,
Wilhelm Bockmann,
Kozo Kawai

1895

赫尔曼·恩德
威廉·博克曼＋河合浩
藏/砖造3层

Access

东京都千代田区霞关
1-1-1/从东京地铁丸
之内线·千代田线"霞
关"步行2分钟

　　1890年，当时的政治家、实业家井上馨借着开设国会之机，计划将东京改造成为国会大厦、政府机关集中，街道、广场锦上添花的城市。为此，政府启用了德国建筑师恩德与博克曼，由二人负责设计出气势堪与欧洲匹敌的街道景观。

　　然而，井上因修改条约失败而失势，其宏伟计划也成泡影。只有该建筑作为其基础建设，体现出了德国的新巴洛克样式。

YONEI BLDG[2]

"MOBO、MOGA"[1] 时代的银座商社大厦[2]

Yonei Building

no.23

Matsuno.uke
Moriyama

1930

森山松之助/SRC造6层

Access

东京都中央区银座
2-8-20/从东京地铁银
座线"银座一丁目"步
行1分钟

　　这是建于昭和初期的商社大厦，拱形窗下立着两根扭柱，二楼的露台向街面伸出。即便今天在1楼开设西点铺，也与风格独具的大厦毫不违和。银座在距今不久的年代里，也有不少风格类似的建筑物。

　　大厦的设计者森山松之助也曾为中国台湾设计过不少建筑，其中大部分都维护得十分完整。台湾文学馆所在台南州厅特辟出一隅，用于展示其成就。从这个意义上来说，相比在日本，森山在台湾地区的知名度也许更高。

---

① 即"Morden Boy、Morden Girl"的简称。指1920年代（大正末期到昭和初期）的都市，受西方文化的影响而出现的新风俗和流行现象。
② 银座的商社——米井商社的总公司大楼。

冈田信一郎

冈田信一郎◎1883年生于东京。从1907年至1932年执教于东京美术学校（现东京艺术大学）、早稻田大学，设计作品无数。除本书收录的作品之外，其现存于日本的建筑还包括黑田纪念馆（东京都台东区、1928年）、东京艺术大学美术馆陈列馆（东京都台东区、1929年）、琵琶湖酒店（现琵琶湖大津馆、滋贺县大津市、1934年）等。

[本书收录作品：鸠山会馆→P30、明治生命馆→P52]

"样式主义建筑设计圣手" 英年早逝的才子

就读东京帝国大学时的冈田信一郎，曾痴迷于戏剧。在第二次世界大战后举办的一场座谈会上，与冈田大学同届的建筑师松井贵太郎回忆道，"那家伙是第一个头戴方角形制帽进剧场看戏的人，这事还上了报纸呢"。他的笑谈带出了冈田静子夫人讲述的另一件轶事，"他画图的时候，经常会哼些荒腔走板的曲子（笑）"。夫人的黑白照片虽然很小，但仍可以看出其美貌。

夫人的美貌不言而喻，她曾经是风靡一时的艺伎，艺名"万龙"。1909年在文艺杂志举办的人气投票中，万龙名列榜首。她被邀请演唱流行歌曲，为三越、麒麟啤酒拍摄宣传广告，是当时名副其实的明星。

说到榜首，冈田在大学毕业时曾被日本天皇授予银时钟，也是一名不折不扣的状元级才子。29岁时，他还在"大阪市中央公会堂"设计比赛中夺冠，作为最年轻的参赛获奖选手，帅气亮相建筑界。

与冈田的婚姻，是万龙的二度梅开。她曾在箱根遭遇洪灾，与对其有救

命之恩的东京帝国大学生恒川阳一郎陷入绝世恋情。1913年，万龙在其人气鼎盛时期毅然引退，在当时还引发了媒体热议。然而不幸的是，恒川在4年之后病逝。冈田是恒川的朋友，在与万龙的接触、谈心中，二人渐生情愫。

正是这样一个人，戴着方角形制帽去看戏，认真而又精明，正统却又离经叛道，既善社交又个人主义，这些特点杂糅一身，恰恰是一个建筑师的个性魅力所在。

冈田在第3代"歌舞伎座"[①]（1924年）的设计中，完美地结合了样式主义建筑的框架与和风的细节设计，由此而被盛赞为"样式主义建筑设计圣手"。另一方面，他的思想又是理性和超前的。在东京美术学校任教期间，他还曾鼓励自己的学生水谷武彦前往魏玛包豪斯大学深造。

冈田生前的健康状况欠佳，因此从未踏足海外，并且于49岁英年早逝。他用勤奋的一生理解了样式主义的真意，却未得命运的厚待。然而，当看到经历过两次丧夫之痛的冈田夫人在缅怀他时面露幸福之色，人们似乎可以感受到，他短暂而全力以赴的一生曾是多么的充实。

① 位于东京银座的歌舞伎专用剧场。

筑地周边地区

天主教会筑地教堂

以木材、灰泥构筑的
古希腊风建筑

no.24

Marie-Gabril-
Joseph Giraudias,
Otojiro Ishikawa

1927

吉罗迪亚斯神父＋石川
音次郎/木造2层

该教堂采用的是古希腊神殿的建筑样式。古希腊的繁盛时期远在公元前，因此与基督教并无直接关系。但当时的建筑在欧洲却一直被视作永恒的美的原点。

1874年，东京首个天主教会教堂建于此地。关东大地震中遭到损毁，据说应当时的大主教的要求，将教堂以此样式重建。所采用的柱式 [参考 P49]，也是其中最强大的多立克柱式。每一种说法也许都证明着，人们希望将此恒久信仰的原点寄托于此建筑吧。

有意思的是，这座教堂采用了木造结构。山形墙装饰出自技艺高超的泥瓦匠之手，且保持定期修缮。托了日本工匠技艺和信众的福，我们得以在东京欣赏到最为典型的西式建筑。

Access

东京都中央区明石町5-26/从东京地铁日比谷线"筑地"步行7分钟、从有乐町线"新富町"步行6分钟

1.礼拜堂最早铺设的是榻榻米，现在仍可看出当时的影子。供奉着耶稣像。
2.3.乍看会以为是石造建筑，实际上是木造结构，外墙涂刷灰泥。足见泥瓦匠技艺何其高超。

彩色玻璃中
绘制着福音的象征

1.福音的象征，画着葡萄、百合、麦子的彩色玻璃，使用了柔和的配色。
2.关东大地震中唯一幸免于难的圣彼得像与圣物箱①。
3.小型风琴有着质朴之美。
4.1876年法国制造的祈祷钟，至今仍在使用。
5.6.教堂内部也如神殿般树立风姿凛凛的柱式。

① 尤指在教堂中用来保存或展示圣物的小匣子、小箱子、神龛或其他贮物器。

圣路加礼拜堂·特斯勒纪念馆

集医疗与礼拜堂于一身的
正统哥特样式建筑

no.25

Jhon van Wie Bergamini

1936
1933

[圣路加礼拜堂]1936年
/伯格米利/SRC造2层
[特斯勒纪念馆]1933年
/约翰·范·维·贝尔加
米尼/RC造＋木造2层、
地下1层

在日本，若想见识正统的哥特教堂，请来到圣路加礼拜堂。而该建筑又是如何将医疗和礼拜堂结合在一起的呢？

前室的墙面上附着苍蝇、蚊子、臭虫这些传播传染病菌的昆虫浮雕。这与在中世纪的哥特教堂中，基督教圣光照出的滴水兽等怪物被暴晒在阳光下的做法是一样的。致病因一旦查明，离治愈也就不远了。

随着科学的进步，医学也取得了飞跃性的成果，并且发展的脚步从未停歇。而一旦涉及那些人类目前尚无法了解的领域，寻求心灵的平安便显得尤为重要。在礼拜堂中，感受人类以此种形式从历史走来，这也成为今天人们的精神动力。

Data

[圣路加礼拜堂]开放时间：8:30—17:00（医院门诊假日、特定活动日除外）
＊特斯勒纪念馆内部一般不对外开放

Access

东京都中央区明石町10-1/从东京地铁日比谷线"筑地站"步行6分钟、从有乐町线"新富町站"步行7分钟

1.上到旧馆2楼，便是圣路加礼拜堂。入口上部是一架真正的管风琴。
2.扇形拱顶如同从柱子向天花板延伸而去的线条，这也是哥特式建筑的特点。
3.此地既保持了哥特式建筑的传统样式，又融入了抽象的彩色玻璃图案等时尚元素。

1.彩色玻璃与扇形拱顶的曲线相映成趣。

2.除信众之外，所有的礼拜也欢迎其他教派人士参加。

3.四周墙面的浮雕图案包括苍蝇、蚊子、臭虫、跳蚤等代表致病病原菌的昆虫，人们在其中寄托着祛病的愿望。

4.长凳上的雕刻也蕴含着深意。

5.细看天花板，也雕刻着精致的图案。

6.藤蔓与孔雀羽毛的图案交缠在一起，将灯光装饰得美轮美奂。

7.地板上雕刻着火凤凰、天平、医神阿斯克勒庇俄斯之杖等与医学相关的浮雕。

8.前室中悬挂着创始人——来自美国的传教医生鲁道夫·特斯勒博士的照片。

9.毗邻的特斯勒纪念馆，也是在同一时期修筑的。

7

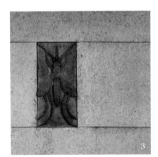

3

8

4

沐浴在橘色灯光下的心灵

如入化境

5

6

Yamani Securities

山二证券株式会社

西班牙式宅邸风建筑
气韵雅致
给人以信赖感

no.26

Yoshitoki Nishimura

1936

西村好时/RC造4层、地下1层

Access
东京都中央区日本桥兜町4番1号/从
东京地铁日比谷线"茅场町"步行6
分钟、从银座线·东西线"日本桥"
步行7分钟

在商业氛围浓厚的兜町一隅，静静地伫立着一座宅邸风格建筑。

设计简练的玄关，扭柱是提亮性的装饰。从整体来看，该建筑刻意打破了左右对称的格局。不规则的两扇窗户，是此处独有的装饰性构件，令人过目不忘，整体氛围令理财客户感觉可堪托付。

设计者西村好时以设计古典主义样式的建筑而知名，其成名作是与山二证券株式会社相邻的菲利浦证券（成濑证券）。他爱设计成痴，据说成名之后仍亲自绘制草图。因此，这栋融合了流行于昭和初期的西班牙样式（参考 P137）的建筑，无疑也是其得意之作。证券公司连排，形成一定规模的景象，也是曾经的兜町的一大特色。

1.4.扭柱和门前灯营造着别致的氛围。与其说是证券公司，不如说更像一栋宅邸的玄关。
2.3.圆窗及窗下的装饰十分精美。

Tsukishima Police Station Nishinakadori Security Center

警视厅月岛警察署
西仲通地区安全中心

迷你的警察值班岗亭
守护一方玲珑小镇

no.27

1926

RC造 平房

这大概是建筑中规模最小的一个品类。相比派出所，也许警察值班岗亭这样的词更配它。

岗亭虽然小到仅供一、二人容身，但也是不折不扣的钢筋水泥建筑。并且设计上也颇费心思，入口的出檐做成帽檐形，整体造型方方正正，毫不含糊。

这个小巧可爱的岗亭建于战前，现已转型为地区安全中心，守护着月岛小镇，位于热闹的文字烧一条街正中。

Access

东京都中央区月岛 3-4-3 / 从东京地铁有乐町线·都营地铁大江户线"月岛"步行 5 分钟

1.仅供一二人容身的逼仄空间，非近距离不能感受。
2.支撑正面出檐的梁托也十分可爱。
3.漆成红色和奶白色的墙面，让人联想起草莓酱夹心的蜂蜜蛋糕。

Old Tokyo Municipal Store Housing

旧东京市营商住两用房

在咖啡街偶遇
商住两用建筑
昔日面容
清晰可辨

no.28

1928

东京市/RC造2层

Access

东京都江东区清澄3-3/从东京地铁
半藏门线·都营地铁大江户线"清澄
白河"步行5分钟

1

包括清澄在内的下町，是1923年关东大地震的重灾区。为避免延烧悲剧的重演，当时的东京市实验性地进行了一些建设，这些建筑至今仍在使用。

这一带的建筑采用1楼开店、2楼居住的格局，这与历史上的町屋是一样的。较大的区别在于，这是钢筋混凝土建造的集合住宅，并且融入了装饰艺术风格的设计，因此引领了当时的时代风潮。

此后虽然也经历过增建或墙面重新涂刷，但其原始的韵味始终没有变化。当我们在商店中漫步时，昔日的岁月在脑海中复苏，也不失为一种乐趣。

1. 狭长的房屋向上延伸，每个住户都将外墙涂刷成自己喜欢的颜色，这也莫不是一种趣味。角落中残留的轻简风装饰，标志着建造时的年代感。
2. 檐下连绵的横向石膏线是装饰艺术风格。
3. 这种商住两用房横亘250米之远，总共48户。
4.5. 有不少店铺被修缮成时兴的风格，但内部仍保留着当年台阶的印记。

桃乳舍

古朴的木造结构
西式的餐饮商店

Tonyusha

no.29

1933

木造2层

Data

营业时间：周一一五
11:00—16:30/休店时间：
周六·日·法定节假日

Access

东京都中央区日本桥小
网町13-13/从东京地铁
日比谷线·东西线"茅
场町"步行5分钟

　　店名中之所以带一个"乳"字，是因为该店于
1904年初创时是一家牛乳咖啡店①。商人之类的职
业在当时社会中已很平常，同时也出现了一些文明
开化之前所没有的店铺。牛乳咖啡店便是其中之一，
提供咖啡、轻食。店面数量很少，直到明治至大正
时期才渐渐流行起来。

　　今天的桃乳舍是在关东大地震之后重建的，店
标是一个桃子的浮雕，装饰在房屋2层的外墙上。如
今已成"复古"的店内，咖啡、轻食被做成套餐，
依然很受食客欢迎。

① 原文为milk hall，是一个日式造词。指明治、大正时期大批出现在日本市区的餐
饮店。

1.上部的桃子浮雕惟妙惟肖。柱式和拱顶的制作从建筑师制
定的规格中跳脱而出，看起来十分亲切。
2.吸引眼球的面砖，是关东大地震后才流行起来的。
3.陈列柜也很复古。

村林大厦

赤陶土营造可爱风装饰

Murabayashi
Building

no.30

Obayashi
Corporation

1929

大林组/RC造3层

Access

东京都江东区佐贺
1-8-7/从东京地铁东
西线"门前仲町"步行
8分钟

　　所谓"街角的名楼"，大概就是形容村林大厦
这样的建筑了吧。首先夺人眼球的，是玄关的装饰。
2条龙面对着面，从口中吐出的线化为唐草纹样。名
为"赤陶土"的建筑装饰用陶器的使用，制造出了
一种梦幻的、罗马式的图画。

　　而强化这一亮点的，是沿着道路盖起的曲线型
墙面，以及牢牢安装在墙面上的狭长门窗。长久以
来为街景赋予别样风格，是这栋战前建筑的座右铭。
在过去，玄关周边的装饰是最大的看点，这栋楼也
不例外。这真是一栋小巧却又不失气派的建筑。

1.利用赤陶土装饰外墙，是日本在20世纪20年代流行的做
法，第二次世界大战后已渐渐退出历史舞台。因此值得细细
品鉴。
2.大门的设计也呼应着罗马式。
3.堀商店（P70）的外观也是如此设计，都建在十字路口。

专栏 ① 各种台阶

1.2.赤坂王子饭店古典洋馆。
3.青渊文库。
4.杂司谷旧宣教师馆。
5.学士会馆。
6.小笠原伯爵宅。
7.东京都庭园美术馆。
8.堀商店。

IV

Shinjuku,
Ikebukuro
Area

新宿・池袋地区

早稻田大学
会津八一纪念博物馆·戏剧博物馆

如文学与戏剧般
打动人心的建筑

no.31

Kenji Imai

1925
1928

[会津八一纪念博物馆]1925年/今井兼次/RC造2层、地下1层/[戏剧博物馆]1928年/今井兼次/RC造3层、地下1层

1

会津八一纪念博物馆是早稻田大学的旧图书馆。图书馆令人联想起的关键词通常是严肃、刻苦，但这里的内部装饰却不拘一格，是一个罗曼蒂克的世界。戏剧博物馆则是模仿16世纪英国的剧场建造的。

二者皆由建筑师今井兼次设计，其中既有创新与模仿的融合，也有现代与历史的对照。同时，将幻想世界付之于形的手法也很类似。

除了利用这些打动人心之外，还有一点也非常重要，那就是无法以理性来决定的细节。对于由不可忽视的细节拼装而成的世界，人们会产生信念和生存下去的愿望。因此，将这样的建筑比作文学和戏剧也不为过。

2

3

Data

[会津八一纪念博物馆]开放时间：周一—六10:00—17:00（逢企划展览时，周五仅企划展览室开放至18:00）、[戏剧博物馆]开放时间：10:00—17:00（周二·五至19:00）

Access

东京都新宿区西早稻田1-6-1/从东京地铁东西线"早稻田"（3a或3b出口）步行7分钟/从都电荒川县"早稻田"步行5分钟

1.会津八一纪念博物馆的大台阶。无处不在的细节，其设计灵感主要来自中世纪的西式建筑。
2.1楼大厅中的6根圆柱。这种形状与过去的任何一种都不一样，并且不单只是用于支撑框架。以其不可思议的说服力营造出了氛围。
3.上宽下窄，形似圆柱的形状随处可见。

真想穿越回
用作图书馆阅览室的时代

1.阅览室的楼座，似有人刚刚离席。细节处做得异常用心，以保证其承重性。

2.大门的设计堪称精美。各种元素结合得行云流水，令人沉迷。

3.墙壁无任何装饰，更突出了鲜明的色彩。

4.旧图书馆时代的阅览室。拱顶和拱形结构（参考P160"圣德纪念绘画馆"）的立体组合，营造出的现代感与富于想象力的细节兼具。

5.看起来既像几何形状又像柱头的样式。

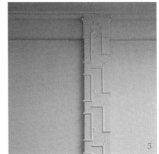

造访这座模仿财富剧场①建造的博物馆

如同亲历一回戏剧发展史

1.这座戏剧博物馆模仿1600年建于伦敦的财富剧场而建。虽然无法参照其详细的图纸和照片，但该建筑充满想象力，连细节都精心设计。

2.玄关的柱头极富魅力。

3.台阶也是不可错过的一景。进入馆内，便可见识西洋戏剧、东洋戏剧、民俗艺能、电影、电视等海量资料。

4.看不出博物馆是座钢筋混凝土建筑。

5.建筑向外突出的部分。在财富剧场，这里是舞台，两侧突出的部分是看台，建筑前面是普通座席。

6.建筑物正面用拉丁语书写的"世界皆舞台"。

① 伦敦的英国文艺复兴剧院。

学生下宿日本馆

寄托思乡之情的
学生下宿①
古老而又美好

no.32
1929
木造2层

① 指付租金、伙食费，寄宿在别人家中。

学生下宿是战前的产物，今天已不多见。首先映入眼帘的，是气派的玄关。圆形屋顶、狭长的窗户都极富洋馆特色。在洋馆尚不多见的年代里，经常租住在此的学生足以此在朋友圈中吹嘘一番。

虽然历史悠久，但进入其中便可知道，玄关、走廊都保存得完好如新，是由内至外的心灵之美。

另一个特色是带有池塘的中庭。数寄屋①风的走廊，池中鲤鱼悠游，营造出一种物质充盈的氛围。因此，将此地称为"日本馆"也是实至名归了。

正因出租屋并非个人独居，而是众人共同居住，才能享用更多和洋合璧的空间。在这里居住，必须考虑到别人的感受，因此这个下宿实际上也是学习社会结构以及待人处事的"活"的学校。

---

① 一种平台规整，讲究实用的日本田园式住宅。

Data
内部不对外开放。

Access
东京都新宿区高田马场1-9-1/从东京地铁副都心线"西早稻田"步行5分钟

1. 人造石地面上有着柔和的曲线，与木头鞋柜形成的对比，使玄关显得干净利落。
2. 公用的水房。不同颜色的马赛克砖及肥皂托做得十分可爱。
3. 阳光倾泻在中庭，天空广阔，使人忘却自己身在都市。

下宿的怀旧氛围

恰似祖父母固守的老家

1.风格利落的馆内，到处都是看起来有来历的东西。
2.呼叫铃的按钮也是亮点。
3.开关也很复古。
4.玄关处铺设的瓷砖保持了昭和初期的样子。
5.面朝中庭的走廊是数寄屋风。
6.到处都可以感受到生活之美。
7.笔直的走廊中，流动着健康的空气。
8.富有个性的外观，经常作为素材出现在漫画场景中。
9.外墙的下半部分是日式设计。大谷石的堆砌方式，也在
某种程度上体现着宅邸风。

晚香庐·清渊文库

细节之处
对工艺的用心
值得反复回味

no.33

Junkichi Tanabe

1917
1925

[晚香庐]1917年/田边
淳吉/木造平屋
[清渊文库]1925年/田
边淳吉/砖造+RC造2层

1. 青渊文库的阅览室作为接待室使用，仅此一点便是用心所在。
2. 阅览室与外部的凉台之间安装彩色玻璃。除了柏树叶之外，还以龙、唐草、"寿"字等寓意吉祥的主题加以装饰。
3. 珍藏本书库自带的厚重，与馈赠品本身的细腻并存。
4. 铸铁制的窗栅栏上也有"寿"字。

Data

开放时间：10:00—15:45/休息时间：周一（法定节假日·补休日开放）、法定节假日调休（法定节假日·补休日之后第一个周二—周五其中一天）、年末年初

Access

东京都北区西原2-16-1（飞鸟山公园内）/从JR"王子"（南口）步行约5分钟/从东京地铁南北线"西原"步行约7分钟/从都电荒川线"飞鸟山车站"步行约4分钟

　　在过去，建筑曾经是一种馈赠品。晚香庐便是清水组[①]第4代组长清水满之助作为喜寿（虚岁77岁生辰）的贺礼，送给涩泽荣一的一栋小型建筑。据说，涩泽从明治至昭和时代共培育出了约500家公司。清水组，即现在的清水建设正是其中之一。在江户时代大工组的盛名推动之下，为发展为近代化的建设公司铺平了道路。对此宅的精工细作与大建筑相比亦不逊色，这其中正体现着对涩泽的感谢之情。

　　涩泽伞寿（虚岁80岁）时获封子爵，由仰慕他的人组成的龙门社以个人名义，将青渊文库这一书库赠予其作为纪念。

① 创立于昭和35年，是拥有57年历史的，以土木建筑为主的综合建筑公司。

艳丽的色彩

令人大饱眼福

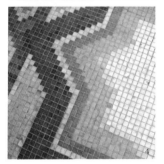

1.连电炉的烤架的都雕刻出了精妙的花纹。
2.绣在地毯上的蝙蝠是日本人心目中的吉祥之物。
3.瓷砖图案以涩泽家的家徽柏树叶为素材。
4.利用小块瓷砖拼出图案。
5.五彩斑斓的彩色玻璃。
6.照明装饰也十分细致。
7.挂在阅览室墙面上的横画上写着"青渊文库"。
8.9.通往2楼书库的台阶气质庄重。

「晚香庐」之名
来自涩泽
「清明守晚节」的愿望

1.晚香庐的檐下，一盏门前灯亮着柔和的光。
2.彩色玻璃上绘着质朴的图案，怀旧的色调。
3.各种配色的瓷砖组合在一起。
4.西方农家的氛围。
5.屋顶上，一个烟囱在向下观望。"晚香"一般指菊花，而此宅的名字"晚香庐"，是来自涩泽荣一"清明守晚节"的愿望。
6.室内处处体现着设计者的智慧与匠人的高超技艺，天花板的装饰中暗含着松鼠和鸽子的元素。

6

自由学园　明日馆

几何图案与
柔和配色相融
散发光芒的学校建筑

Frank Lloyd Wright

1921
—1925

弗兰克·劳埃德·赖特/
木造2层

1

自由学园的创始人羽仁元子、羽仁吉一夫妇，将学园设计委托给了世界级的建筑师弗兰克·劳埃德·赖特。他们希望在建成之后的学园中培育出的不是因循守旧的人，而是能够科学地改善生活的人才。

最后交付的成品，是一栋前所未有的校舍。中央是学生集合所用的休息大厅，阳光穿透巨大的玻璃窗照射进来，充盈在地面至天花板的空间中。立体结构的建筑脱离了墙面的束缚，

直至食堂及大厅2楼的部分，开阔的空间感渐次增强。左右向的教室，地势相对较低。在阴影之中，照明灯具独特的几何形状，大谷石的材质感仿佛各有深意。

羽仁夫妇提倡不拘泥于陈规旧俗，从人类的感受性出发，构筑全新的社会。也许他们正是看到了建筑师赖特身上的个性，才将这项任务委托予他的吧。

Data

开放时间：周二—五10:00—16:00、周六·日·法定节假日：10:00—17:00、18:00—21:00（每月第3个周五开放夜间参观）/休园时间：周一、年末年初

※务请事先确认开放参观日期

Access

东京都丰岛区西池袋2-31-3/从JR"池袋"（mertopolitan exit）步行5分钟、"目白"步行7分钟

1.休息大厅的窗户开到天花板之上。利用木窗框和窗棂组合出的直线设计，令当年的赖特引以为豪。
2.家具的设计风格也与整个建筑保持一致，各种独特的六角形元素的运用，也正是考虑到与建筑的和谐统一。
3.沿着楼梯右侧往上走便是食堂。同样是立体结构的空间。

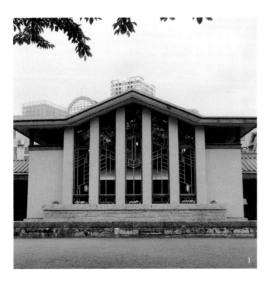

午后阳光、暮色

投下的阴影里

每一寸都有故事

1.富有特色的大礼堂，只要站在前庭位置，便可将整个大礼堂的
内部空间尽收眼里。这在传统的西式建筑中也是少有的。

2.赖特很喜欢富有韵味的大谷石。

3.玄关被刻意压低，给人以先抑后扬之感。

4.同样材质的窗户，只需对设计稍加改变，便可看见完全不同的
效果。赖特一直在挑战手工设计、手工制作。

5.将羽仁夫妇介绍给赖特的徒弟远藤新从赖特手中接过衣钵，在
1921年至1925年完成了明日馆。1921年4月初竣工的教室，现
已成为纪念室。

6.食堂内部也由远藤新担纲设计。将阴影变成设计的一部分，这
也是赖特流派的做法。

7.当时的食堂位于整个建筑的中央位置。羽仁夫妇的教育理念之
一是让学生共同制作食物、共同进餐。吊在天花板上的V形照明
灯架是赖特的设计，家具则是基于远藤新的设计，在维护施工时
完成制作的。

丰岛区立
杂司谷旧传教士馆

美国宅邸风
清心寡欲的
舒适氛围

1907

木造2层

　　这座木造洋馆的清爽外观令人过目难忘。巨大的窗户实现了良好的采光和通风效果，这在石造或砖造建筑中是做不到的。发亮的地面令人不禁怀想起久远的年月，层层涂刷在墙面上的油漆，是用心经营生活的明证。这绝不是一座豪华的建筑，却真实得如同从某个时代截取下来的片段。

　　出身美国田纳西州的麦卡莱布于明治中期来到日本，曾辗转筑地、神田、小石川等地。至明治末期，他终于在已从农村逐渐转型为住宅区的杂司谷安定下来，从事传教布道活动，直至1941年。

　　此馆至今仍得到精心的维护。站在此地，眼前仿佛一下子出现了当年郊外的风景，以及那个生活在边远地区的传教士的身影。

Data

开放时间：9:00—16:30/休馆时间：
每周一、每月第3个周日、法定节假
日的次日、年末年初

Access

东京都丰岛区杂司谷1-25-5/从东京
地铁有乐町线"东池袋""护国寺"
步行10分钟、副都心线"杂司谷"
步行10分钟/从都电荒川线"杂司
谷"步行7分钟

1.这是一座忽然出现在住宅区之中，样式简洁的宅邸。外墙和屋顶覆盖下见板，这种简洁的样式在当时的美国非常流行。上悬窗和下悬窗并排。
2.3.直线形的装饰，从房屋的角撑上可以看出哥特元素。

4

蓦然抬头
望见的天花板
有一种日式的温暖

1.建筑材料采购自美国。建筑样式是模仿欧洲哥特样式的木匠哥特式。
2.3.细节中也充满着精妙设计。壁炉用彩色瓷砖装饰。
4.明亮的阳光洒满2楼的阳光房。
5.当抬起头看格子天花板，发现这种装饰艺术也通用于日本建筑时，或许会发出会心一笑。
6.从楼梯扶手中也可品出细腻的韵味。

6

目白圣公会
圣锡里安圣堂

no.36
Shotaro Tsuboi

1929

坪井正太郎/木造 平房

100年前的彩色玻璃
美得勾魂夺魄……

圣公会是以坎特布里的大主教为首领、英国圣公会为基础、分布在全球80个国家的教堂。幕府末期的1859年，来自美国圣公会的2名传教士在日本奠定了根基，1887年宣告日本圣公会正式创立。

在日本各地都能见到第二次世界大战前创建的日本圣公会教堂，但在东京却只有圣锡里安圣堂一家。在这里可以见识到古罗马建筑形式之一的巴西利卡样式，此外还有传统的彩色玻璃。1985年，英国康沃尔地区中心地带特鲁罗的主显修道院将该教堂让渡此地。华美而纤细的唐草图案。教堂可谓架设在日本与其他国家之间的一道桥梁。

Data

礼拜时间：周日（7:30圣餐礼，9:30主日学、10:30圣餐礼、17:00晚礼拜）、主日（7:30圣餐礼）、首个周日后的周三（10:30逝者纪念圣餐礼）
※ 向所有人开放

Access

东京都新宿区下落合3-19-4/从JR"目白"步行5分钟

1.巴西利卡样式的教堂。中央的天花板之下的部分为教堂正厅，两侧为过道。窗户开在二者之间的落差部分。
2.从外观看也是一个典型的教堂建筑。
3.过道一侧的彩色玻璃。

富于节奏感
造型优美的拱形结构

1.2.彩色玻璃上，绘制着圣家族神殿奉献的故事。
3.巴西利卡样式的祭坛经过精心的装饰。
4.5.教堂内部的拱形结构富有节奏感。位居高处
的窗户，可以在1楼打开。在没有空调的年代里，
通风显得尤为重要。
6.装饰精巧的柱头。

4

5

Ogasawara Earl House

小笠原伯爵邸

设计华丽
造型精巧的
西班牙式宅邸

no.37

Sone & Chujo
Architectual Office

1927

曾祢中条建筑事务所/
RC造2层、地下1层

所谓的西班牙样式，主要流行于1920年代。这种如骄阳般热烈、华丽的建筑样式的代表就是美国西海岸的比弗利山庄，近年来因有大批明星在此购地建豪宅，使此地的地价和房价一路走高。

小笠原伯爵邸建成时，作为小笠原家第30代家主小笠原长干伯爵的正宅使用，是日本首屈一指的西班牙样式宅邸。玄关的出檐被设计成葡萄架，从起到采光作用的中庭，到色彩鲜艳、如为生命唱诵赞歌的瓷砖，宅内处处值得驻足观看和玩味。宅邸现在已是一家西班料理店。在享受美食的同时，来客也可以尽情感受建筑装饰中的浓墨重彩所带来的愉悦。

Data

[餐厅]午餐时间：11:30--15:00、晚餐时间：18:00—23:00

Access

东京都新宿区和田町10-10/从都营地铁大江户线"若松河田"（河田口）步行1分钟

1.玄关的顶盖做成葡萄架，让人如同身处干燥、晴朗的地中海。

2.艳阳之下，葡萄挂枝，鲜花盛开，蜻蜓展翅，群鸟嬉戏。利用赤陶土富有立体感且不褪色的特性，将其作为装饰主角，令人心情愉悦。照片中向外凸出的房间是雪茄房。

3.中庭的台阶通往屋顶花园。现在中庭和屋顶都是聚会场所。

雪茄房中
伊斯兰样式的
庄严元素

1.雪茄房中的伊斯兰风相当正宗，在日本不多见。

2.欧洲的烟草和卷烟都从土耳其或埃及进口，因此当年洋馆的吸烟室一般按照伊斯兰风来设计。

3.直线形的阿拉伯式图案。金色也是伊斯兰的标志性颜色。

4.雪茄房也是男性谈天说地的场所，因此色调与书房一样偏暗。

5.这品位令人联想起设计者曾祢达藏的老师约西亚·肯德尔的祖国——英国。

6.被自然光衬托出来的天花板的颜色。用作料理店之前已经褪色，后由加入二科展①的画家根据竣工时的资料，手工复原了天花板的颜色。

① 日本美术家团体二科会每年举办的展览。

1.2.曾经的餐厅。中央的大餐桌是伯爵家曾经用过的家具，也是现存的唯一一件家具。

3.彩色玻璃上绘制无数飞舞的鸽子，作品出自日本彩色玻璃第一人小川三知之手。他善用远近法，但这幅图案的构图在他的作品中却很少见。

4.花束图案的彩色玻璃也是小川三知的作品，金字塔型的结构十分稀有。

5.房门顶部的铁制装饰上也有若干禽鸟。笼中的鸟儿与彩色玻璃上空中飞舞的鸟儿瞬间重合。

6.衣帽寄存间上部，是唐草纹样的铁制装饰。

7.曾经的接待室，漆成奶油色的墙面上，带弧形的装饰。与隔壁的餐厅氛围迥异。

3

4

5

6

7

梦幻般的建筑

兼具厚重感与华丽感

学习院大学　史料馆

静谧而优美的
白色空间

学习院于明治末期的1908年移来目白。次年竣工的旧图书馆的一部分，也移建至今天的位置。建于明治末期的旧图书馆，移建至目前的所在地。这座白桦派①成员经常光顾的木造图书馆，掩映在周围的绿树丛中。随着时光的流逝，越发能感受到环境的健康以及运用在细节中的智慧。设计者在远离闹市的大学校园中，设计了这样一片供人精心研读的净土。

如此设计，并非为了达到某种目的，也许仅仅是设计者久留正道想要借此找回业已失去的东西吧。久留曾担任文部省的工程师，设计作品还有上野的旧奏乐堂以及帝国图书馆（现国际儿童图书馆）等，为大正时代的文明开化提供了硬件支持。

① 日本现代文学的重要流派之一，主要成员来自文艺刊物《白桦》的作家与美术家。

Data

开放时间：周一—五 9:30—17:30（11:30—12:30关闭）、周六 9:30—12:30
※8月1日—9月15日暑假期间，逢周二·三·四 9:30—17:00开放/休息时间：周日·法定节假日、开学纪念日（5月15日）、开院纪念日（10月17日）、大学入学考试期间（2月前后）、年末年初、夏季休馆等

Access

东京都丰岛区目白1-5-1/从JR"目白"步行1分钟/从东京地铁副都心线"杂司谷"步行7分钟

1.窗户外表华美，却又引人亲近，闪耀着匠人高超技艺的光芒。
2.用来采光的天窗得以完好保留下来，窗外的自然光柔和地映照着室内。
3.西式建筑的外墙覆盖下见板，与周围的绿树丛相映成趣。建成作为图书馆使用时是左右对称结构，当砖造的书库被移建出去之后，便形成今天看到的L形平面。

1.能够牢牢扎根于样式进行细节设计，这是设计师的职业素养。学习院的校章——樱花隐秘地镶嵌在角撑的细节之中。

2.檐头和梁托的设计细节需近前细看。

3.远镜头中的屋顶，比例之美使之看起来落落大方，品位不凡。

4.左右两边木饰的弧度各不相同。这种稍显不对称的设计与郊外的环境甚是相称。

5.窗玻璃中有一部分保留了明治时期的翘曲玻璃。

6.地板下的排气窗也做出了樱花图案。

7.隐藏在合页中的樱花，只有打开方能看到。

细节处全是巧思
隐秘处皆有智慧

5

6

7

立教大学　第一食堂

走进偌大的优雅餐厅
打开哈利·波特的奇幻世界

no.39

Murphy & Dana
Architectural Office

1918

墨菲＆达纳建筑事务所/
砖造1层平房

把握开放与关闭之间的平衡，在大学中也许是一件重要的事情。

日本综合大学代表之一的立教大学，建成于明治初期的筑地居留地①。初时学生寥寥，教授《圣经》及英国文化、科学。

大正中期的1918年，该校移建至池袋地区，直至今日。当时建成的校舍至今仍是大学的中心。穿过主楼的拱形结构，便置身于砖造建筑之中。建筑正面是食堂，是向会员开放的场所。

食堂的设计基于中世纪的哥特样式，将中庭环抱其中，这些以古典建筑为模本的特点，都可与英美的名校比肩。

这座校园就如同一本教科书，让人想要一读再读，也让人感到，在社会上度过的时光与不随波逐流，在校内造就重要人才的时光同等重要。

① 在日本国内辟出的供外国人居住、经商的地域，相当于旧中国的租界。

Data

开放时间：周一—五8:30—17:30、周六10:00—17:30

Access

东京都丰岛区西池袋3-34-1/从JR、东武东上线、西武池袋线、东京地铁丸之内线·有乐町线·副都心线"池袋"（西口）步行约7分钟

1.高大的窗户和门扉。门上是哲学家西塞罗的名言"食欲（本质为欲望）应遵从理性"，用拉丁语书写。
2.藤蔓攀爬于红砖之上，尽显优美姿态。
3.食堂内部都是质朴的木质构件。
4.食堂的木椅和木桌在2002年改建时用过。椅背上刻着该大学的第二象征"圣保罗莉莉"徽章。

中央公园文化中心

获得重生的白色
建筑

Central Park
Cultural Center

no.40

1930

RC造3层、地下1层

Access

东京都北区十条台
1-2-1（中央公园内）
/从JR"王子""十条"
步行15分钟

　　雪白的墙壁掩映在绿树丛中。令人联想到中世纪城堡的，是环绕在顶部的装饰，状如一圈小型拱形结构。这种装饰称为"伦巴第带"，起源于意大利伦巴第地区。

　　该建筑最早是作为陆军南京第一兵工厂的总部，第二次世界大战后被接收，开始服务于美军。经过1981年的改造，其样貌已与今日无异，在整备成为公园的这一带地区中，是一个地标性建筑。从威严的城郭到象征和平的城堡，建筑便是这样完成了它的变身。

1.中世纪城郭般的样式。因其建成时正值战备时期，战前一直用作陆军设施。
2.兵工厂或工厂都是指军需工厂。1905年此地开设工厂时所使用的锅炉仍然在醒目的位置上。
3.工厂总部的地位决定了其位处高地。

旧丰多摩监狱正门

曾经的监狱如此美丽

Toyotama Prison
Main gate

no.41

Keiji Goto
Tsutomu Yokohama

1915

后藤庆二+横滨勉/砖造

Access

东京都中野区新井三丁目（现和平之森公园内）/从西武新宿线"沼袋"步行3分钟

1

　　提到"监狱"二字，可能多数人会稍感不快。然而此监狱却是不折不扣的近代设施。其设计的初衷，不是将犯人关在牢房中接受惩罚，而是让其获得重生。从明治时代起，建筑界的目标便是以当时最新的技术和设计，构筑人性化的建筑。那个时代也是顶级建筑师尽情施展身手的时代。

　　其中的旧丰多摩监狱，从建成之日起即被誉为杰作。唯一留存于世的正门，带着大正时代奉行的人文主义色彩，其存在感让人不可忽视，同时又有内心敞亮之感。该建筑是才能卓越却英年早逝的建筑师后藤庆二的代表作。

2

3

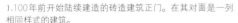

1.100年前开始陆续建造的砖造建筑正门。在其对面是一列相同样式的建筑。
2.设施整体从1910年开始历经5年方才竣工。全部由在押犯人亲手烧砖、堆砌而成。
3.设计样式摆脱了以往的沉闷之风，转而变得较为清爽。

弗兰克·劳埃德·赖特

Frank Lloyd Wright ◎ 1867年生于美国威斯康星州。在芝加哥师从建筑师路易斯·沙利文，于1893年自立门户。毕生勤于创作，留下400多件建筑作品。至1959年去世之前，仍有约400件未完成的作品。他也是一位浮世绘收藏家，其作品也受到日本建筑的影响。

[本书收录作品：自由学园 明日馆→P124]

令面砖风靡建筑界的
世界级建筑师

建筑师凭借一己之力改变一个城市的风景，这种近乎神话的事情竟然发生在日本，而他便是事情的起源。

穷尽一生，奋斗到91岁的弗兰克·劳埃德·赖特，在其建筑师生涯中到达过2次巅峰。

第1次出现在赖特自立门户，成立设计事务所的1893年至1910年的17年间。他以其根据地——芝加哥郊外的橡树园为中心，以设计打破以往住宅样式的"草原式"住宅风靡一时。他的创新之作通过作品集等方式传到欧洲，加速了现代设计发展的脚步。

第2次巅峰出现在他凭借流水别墅，戏剧性地东山再起的1936年至1959年去世前的阶段。在纽约完成的，有着螺旋形展厅的"古根海姆美术馆"（1959年）等作品，使之奠定了与比自己小20岁的勒·柯布西耶同等的地位。

赖特是第一个走出美国，驰名世界的建筑师。往更深一层说，对那些在第一次世界大战结束之后，仍被认为文化

程度远不及欧洲的国家来说，他是最早的文化传播者。这就可以解释为什么在美国，赖特的声望能够超越建筑界，被推至伟人的地位了。

赖特作为建筑师的另一个特点是，他的影响力虽然超越国界，但因具有很强的独特性，其理念不易普及和推广。

然而日本却是个特例。1923年开业的"东京帝国饭店"，是赖特在其两个巅峰之间的低谷期接下的大工程。他第一次在日本烧制有着如刻痕般凹槽的面砖，选用大谷石作为建材，并利用赤陶土装饰建筑各处。

这种面砖后来由赖特的学生远藤新等人传承，而未师从赖特者，则模仿起"赖特样式"或"赖特风"来。面砖及其他新式建材，也成为讲述20世纪二三十年代复古建筑历史时不可或缺的题材。赖特这位世界级的建筑师，唯与日本保持着特殊的关系。

V

Shibuya, Meguro
Area

涩谷・目黑地区

赤坂王子饭店
古典洋馆②

都铎风格建筑体量厚重，
外形优美令人沉醉

no.42

Kunaisho
Takumiryo

1930

宫内省①内匠寮/RC造2
层、地下1层

I

① 日本曾经设置的政府部门，主要掌管天皇、皇室
及皇宫事务。
② 全称为 The Classic House at Akasaka Prince。

该洋馆由宫内省内匠寮设计,是日本当仁不让的正宗洋馆。内匠寮这一富有历史渊源的名称继承自8世纪的律令制时代,进入明治时代之后,在该部门的职能中加入了西式建筑的设计与施工技术,也对其赋予了至高的威信。设计和建造皇居、迎宾馆、御用邸都属于内匠寮的工作。

洋馆以英国为模本营造的都铎风格也是皇家和贵族宅邸的标配,富于变化的内部装饰,为流行于战前的样式建筑画上了辉煌句号。这座大韩帝国末代皇太子李垠迎娶梨本宫方子女王时获赠的建筑,是第二次世界大战后接手此地的王子饭店的一部分,在今天的人们看来,这里仍然是一个梦幻般的空间。

Data

[餐厅]午餐时间:11:00—14:30(周末11:00—15:00)、咖啡时间:11:00—17:30、晚餐时间:17:30—22:00

Access

东京都千代田区纪尾井町1-2东京花园露台纪尾井町内/从东京地铁有乐町线·半藏门线·南北线"永田町"(9-b)直达、从银座线·丸之内线"赤坂见附"(地下通道D纪尾井町方向口)步行1分钟

1.材质厚实、形态优美的台阶侧面镶嵌着花朵造型的蓝色陶瓷。

2.2016年,参考建造时留下的资料,对照明器具、外墙等主要部分加以修缮,复原成当年的形态,并冠以"赤坂王子饭店古典洋馆"之名开业。

3.馆内全部使用扭柱,台阶也不例外。

探寻表现

浓厚都铎风格的设计

1.楼梯间的彩色玻璃。在窗户的造型上，可以见到典型的都铎风格的拱形结构。

2.3.4.前楼梯的柱头造型气派，细节装饰夺人眼球，处处体现高超的木工技艺。

5.面朝中庭的露台上是一面壁泉，泉水从山羊嘴里喷出。

6.这面墙的对面是前楼梯。开在楼梯下方的气窗也是扁平的都铎式拱形结构。

1

2

在布置典雅的客厅

偷得浮生半日闲

1.几何形的彩色玻璃散发着柔和的光亮。
2.圆形的咖啡室，清一色的白色调，柱廊上并列着各种立柱，其中包括爱奥尼亚柱式，装饰风格有别于其他房间。
3.华丽而厚重的地毯，布面的椅子、照明灯都是在改装后重新营业时配置的。远处的壁炉、墙壁、天花板等，与当时的室内装饰风格和谐统一。
4.扭柱与扁平的拱形结构。壁炉融合了本宅两大主题元素。

1

让心灵在对往昔时光的

回忆中尽情逍遥

2

1.2楼的几个房间可以用作接待室、会议室。大圆桌和挂壁的时钟等装饰，无不气质高雅。露台连着走廊。都铎式拱形结构向外延伸。

3.壁纸、装饰风格的台灯等家具，都是在赤坂王子饭店古典洋馆开业时，根据建筑风格同时配置的。

4.5.都铎·哥特风格的吊灯，与格子天花板十分相称。

6.每个房间的门的设计款式也各不相同。

7.带有壁炉的小房间。也许有人曾经来此房间度过临睡前的一段时光。今天依然引人怀想。

8.2楼走廊面对着楼梯间，镶嵌木工艺的底板长长地向前延伸。

圣德纪念绘画馆

半圆形拱顶
展开在线条流畅而华美的
门扉之后

no.43

Masaaki Kobayashi

1926

小林政绍＋明治神宫造
营局/RC造 平房、地下
1层

1

明治初期，日本人尚未学会在建筑上使用半圆形拱顶。无论是鱼糕形的拱顶，还是半球形的拱顶，都是以砖块或石块垒砌窗户和天花板时使用的形状，而在一直使用木头建造房屋的日本，这些都用不上。

然而，人们在圣德纪念绘画馆可以看到典型的西式建筑，欣赏到上述这些装饰。除了庄重感之外，大正时代建筑特有的流畅华丽之感也呼之欲出。

馆中收录的，是堂本印象、镝木清方等著名画家在日本学会使用半圆形屋顶之后的明治时代，历时45年完成的作品。

Data

开放时间：平时9:00—17:00（入馆时间截止16:30）、年末年初10:00—17:00（入馆时间截止16:30）

Access

东京都新宿区霞丘町1番1号/从JR"信浓町"步行5分钟/从都营地铁大江户线"国立竞技场"步行5分钟/从东京地铁银座线·半藏门线、都营大江户线"青山一丁目"步行10分钟

1.展室是从中央圆顶向左右延伸的拱顶。室内展示着绘有明治时代各种轶事的画作，包括40幅西洋画及40幅日本画。
2.营造此馆的初衷，是为了将明治天皇、昭宪皇太后的圣德永传后世。外观扁平的半圆形拱顶及低调的装饰，不禁让人联想到这是一栋追思逝者的建筑。
3.一条从青山通①向外延伸的笔直道路也值得一看。

① 国道246号线上，从东京都千代田区到涩谷区之间道路的通称。

1.3.大门的几何形装饰富有现代感。
2.庄严的大门上，挂着厚重的锁。
4.仰望天花板，界限分明的浅卡其色
和浅蓝色给人柔和的印象。从地面到
半圆形拱顶最高处的距离达27.5米。

门扉装饰令人赞叹

它的背后，是一个光彩夺目的异世界……

4

1.2.3.式样的细节和几何图案巧妙地交织在一起。
4.从平面化设计的装饰和金色的点缀来看，也受到了维也纳分离派（参考P66 "学士会馆"）的影响。
5.彩色玻璃仅用色彩来表现美感。
6.日本画展室在天花板上的色调与半圆形拱顶一样，选择了浅卡其色和浅蓝色。为采光也同时设计了玻璃天花板。在观众的心目中，可以对展出的绘画做出各种各样的解读。画作中也不乏建筑题材，包括新桥车站和富冈丝绸厂。

东京都庭园美术馆

荟萃
拉潘、拉里克
装饰艺术风格的精华……

no.44

Henri Rapin,
Kunaisho
Takumiryo

1933

亨利・拉潘+宫内省内匠
寮/RC造3层、地下1层

1

这是一座让人不禁为之惊叹的宅邸，原来现代竟有如此奢侈之物！担纲宅邸设计的，是一手负责战前皇族相关事务的宫内省内匠寮中的工匠，是前所未有的辉煌。

拉潘的内部装饰，拉里克的工艺，内匠寮的实力，如同在样式与现代的狭缝中偶然相遇，碰撞出至美的火花。

Data

开放时间：10:00—18:00（入馆截止17:30）
休馆时间：每月第2、4个周三（法定节假日开馆，次日休馆）、年末年初

Access

东京都港区白金台5-21-9/从JR"目黑"（东口）、东急目黑线"目黑"（正面口）步行7分钟/从都营地铁三田线、东京地铁南北线"白金台"（1号出口）步行6分钟

1.使用尺子和分线规划出的线条，机械般的往复，玻璃和金属散发出的崭新光辉。这是一种由创造性与传统审美、工艺融合而成的风格。它发端于第一、二次世界大战之间，对工艺、建筑、绘画、时尚等产生了广泛的影响。
2.3.玻璃、青铜工艺品与木质工艺品，几何学与优美的线条。台阶象征着创新与传统的平衡。

1.与1楼台阶合二为一的照明柱,照亮着通往2楼的大厅。
2.勒内·拉里克①制作的枝形吊灯辉映着整个大会客厅,堪称光之魔术。
3.2楼的照明,灯泡裸露在外,别有一种优雅。宫内省内匠寮的设计功力可见一斑。
4.正面玄关的照明充满日式风情。
5.亨利·拉潘设计的餐厅中,装饰着勒内·拉里克制作的照明器具"菠萝与石榴"。
6.2楼台阶的设计令人联想到抽象画。
7.装饰艺术博览会中,勒内·拉里克担任了众多展示馆的企划、设计,并且对旧朝香宫邸倾注了巨大热情。他亲自设计白瓷香水塔摆放在次室中,与室内装饰融为一体。
8.40个半球形的照明灯映照着大厅。装饰艺术风格擦过单调化的边缘却未陷入其中。

①19—20世纪法国玻璃工艺家、黄金工艺师、珠宝装饰设计师。

装饰艺术风格的美学元素

装点在美术馆的每一个角落

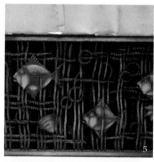

1.大客厅的门上镶嵌着玻璃雕，由法国彩色玻璃制作先锋——马克斯·安格兰制作。

2.地面铺设的马赛克取材自大量细小的天然石。

3.4.5.每个房间的暖气罩设计各不相同，各具看点。其中还有王妃亲手绘制草图后交付制作的作品。

6.北面阳台的地板上，布纹的上釉瓷砖铺成马赛克的样式。

7.仅供进出朝香宫鸠彦王与王妃居室的阳台，其造型设计格外时尚。

庆应义塾图书馆旧馆 · 三田演说馆

气势恢宏的图书馆
和洋合璧的演说馆

no.45
Sone & Chujo
Architectual Office

1911
1875

[庆应义塾图书馆旧馆]1911年/曾祢中条建筑事务所/砖造6层
[三田演说馆]1875年/木造 平房

1

　　建造于明治初期的三田演说馆，是一座气派的西式建筑，采用传承自江户时代的大工和左官[1]技术。创办人福泽谕吉借此馆，将演说之风推广到整个日本。

　　37年后兴建的图书馆，由在日本学成的首位建筑师之一曾祢达藏设计。这座图书馆的设计让人不由地联想到英国的大学。身在此馆，可以真切地感受到，明治时代的"学问"积淀是何其深厚。

　　一个是向大众传达自己信奉之事的演说馆，一个是通过与书籍的对话来磨炼自己信念的图书馆。但无论前者还是后者，想在内心守护的都是个人的意志，其精神似也寄寓在此建筑之中。

———————
① 木工和泥水工

Access

东京都港区三田2-15-45/从JR"田町"步行8分钟/从都营地铁浅草线·三田线"三田"步行7分钟、大江户线"赤羽桥"步行8分钟

1.为纪念庆应义塾创办50周年而兴建的图书馆。这是曾祢达藏与中条精一郎共同创办，战前参与众多优秀建筑设计的曾祢中条建筑事务所首个正式作品，可谓意义深远。
2.哥特样式以英美国家的校园为模本。
3.玄关和窗户为尖头拱顶结构，墙壁角落堆砌隅石（基石）。

建筑者的个人意志
寄寓在图书馆建筑中
贯穿大学生的求学生涯

1.2.塾监局①伫立在图书馆旧馆对面,也是一栋复古建筑。与图书馆旧馆一样,其设计也出自曾祢中条事务所,建于1926年。外墙贴着面砖,涂刷赤陶土。

3.三田演说馆的天花板,采用网代组②暗花工艺。以长崎的哥拉巴宅邸为发端,兴建于幕府末期、明治初期的西式建筑中,一般使用这种工艺。

4.墙面上铺设平瓦,接缝处填充漆料。这种墙壁称海鼠壁,因具有良好的耐久性及耐火性,自江户时代以来多用于土藏③建筑。

5.玄关的横梁是略带曲线的拱顶风,这在幕府末期、明治初期的西式建筑中也很常见。左右两侧的竖长形窗户有上悬窗、下悬窗之分。从远处看,整个玄关的布局酷似人脸。

---

① 负责义塾所有事务的组织。
② 以杉树皮、竹皮纵横交织而成的花样。
③ 日本传统建筑样式之一。木骨、土墙,外墙涂刷漆料。

United Church of Christ in Japan, Azabu Nambuzaka Church

日本基督教団
麻布南部坂教堂

坐落于斜坡之上
尖塔精巧可爱的
沃利斯教堂

no.46

William Merrell
Vories

1933

威廉·梅雷尔·沃利斯/木造 2层

Access

东京都港区南麻布4-5-6/从东京地
铁日比谷线"广尾"（1号出口）步
行3分钟

这是一个外形小巧、气质优雅的教堂。它没有醒目的雕刻，只有与斜坡风景融为一体的外形，以及富有魅力、引人聚集于此的内部装饰。

随着教堂大门的开启，并没有什么戏剧性的情景出现在眼前。长条椅已使用多年，祭坛装设在略微塌陷的墙壁上，彩色玻璃反射的光线仅够照明，风琴兀自摆放一侧。这一切似乎都在告诉人们，对于学习《圣经》、共享信仰，只需这些便足矣。

只消在教堂里稍坐片刻，身体便能适应这里的环境，并且注意到，从细节到整个教堂的外观，多处可见寓意着带刺荆棘的装饰。从设计的周到用心中产生自然的世界，支撑人类的活动。它不是这个世界的主角，而是唯有建筑方可胜任的名配角。这样一件作品，不愧出自沃利斯，一位教堂、学校、百货商店以及人群聚会场所等建筑设计名家之手。

1.教堂入口正对南部坂，以哥特样式为主基调，采用简约的木造风格。
2.突起在墙面的结构，让人联想到哥特式建筑的扶壁。
3.环境清幽之地，教堂静立于斜坡之上。南部坂之所以得此名，是因为今天的有栖川宫纪念公园一带在江户时代曾建有奥周南部藩的宅邸的缘故。
4.大门上形似荆棘刺的部分，是逐个精心安装而成的。

与街景融为一体

美而不自知

才是沃利斯的风格

1.彩色玻璃的设计也与建筑完美融合。
2.白色墙壁反射出的光亮洒满整个教堂。
3.2楼的楼梯扶手让人不禁将其与中世纪的精工细作
媲美。
4.内部设计重实用，轻过度装饰。
5.裸露在外的小屋组^①，营造出空旷之感。在角落部位
利用木材搭出弧形的拱顶结构，足可见细节设计之用
心周到。

---

① 支撑屋顶的骨架部分。

5

Restaurant Raphael

拉斐尔餐厅

走进格子窗镶嵌
变形玻璃的宅邸
仿佛陷入大正浪漫的包围

市中心与郊外之间，隐藏着各种世外之所，这正是东京这个城市的有趣之处。拉斐尔餐厅便是其中之一，据说是作为锅岛藩男爵的别邸而建。立在房间正中的柱子，形似和式房屋中的床柱①。方格形天花板、彩色玻璃营造出柔和的氛围。经过多次改建之后，此宅和洋合璧的风格最终形成。

餐厅现在采取完全预约制，每周仅周一白天营业，周末则作为婚礼会场使用。从利用种类齐全的工具修修补补，到修剪庭院花木，餐厅员工都亲力亲为，几乎无所不能。据说以如此步调和节奏营运餐厅，是为了保护其免于过度使用。

在这个质朴的餐厅中感受时光悠闲地流逝，仿佛回到绿意盎然的大正时代，如同身处当年的郊外。

———

① 壁龛的柱子。

Data

[餐厅]完全预约制/仅周一11:30—最后点餐时间14:30（打烊15:30）

Access

东京都涩谷区富谷1-30-24/从小田急小田原线"代代木八幡"（南口）步行7分钟/从东京地铁千代田线"代代木公园"（1号出口）步行7分钟

1.从清幽的住宅区穿过羊肠小径，有一扇门正在静候开启。它隐藏于此，只有知道它的人才能来到此地。
2.玄关是数寄屋风设计。
3.内部装饰和家具都经过数次变化，才形成今天的样貌。

在和洋合璧之中
感受大正浪漫的气息

1.爬满藤蔓的墙面上方露出天空一角，鸟鸣之声偶尔可闻。
2.藤蔓被修建出心形。
3.不加修饰的建筑与周围的绿植十分相称。用餐厅经理的话说，是"希望来到这里的客人感受到乡野之家的气息"。
4.竖长的窗框上镶嵌特殊的变形玻璃。透过玻璃，可以望见玄关与主室之间的空间。
5.方格形天花板制造着柔和的氛围。
6.形似和室的床柱。
7.和洋合璧的内部装饰营造着融洽的氛围，感觉如同置身郊外。这里也是外出度假的惬意之选，供人享受持续而长久的快乐。

驹泽大学
禅文化历史博物馆

曾经的图书馆
彩色玻璃折射光
照亮的建筑

no.48

Eizo Sugawara

1928

菅原荣藏/RC造3层、
地下1层

1

弗兰克·劳埃德·赖特（P150）是闻名世界的建筑师。然而，其建筑风格作为一种样式风靡整个建筑界的国家却只有日本。随着东京帝国饭店的开业，取自这股流行风潮的设计在一时之间洛阳纸贵，人们一般称之为"赖特式"。

菅原荣藏也是以"赖特式"风格而闻名的建筑师之一。在该旧图书馆建成时的照片中，我们看到的是一派田园风光。

墙壁根据自然原理做成曲面，以此加强抗震效果。空旷的空间使人们活动自如。菅原声称讨厌自己的风格被叫作"赖特式"。确实，他所醉心的"类赖特式"，在表面的形式之下，其实是属于他自己的一份独立性。

1.常设的展室中，自然光穿透镶嵌于天花板的彩色玻璃，照亮整个开阔的空间。
2.赖特风格的几何图案。
3.长凳和抽屉从作为图书馆使用时便开始服务读者。
4.砌在外墙上的面砖，如同人为抓挠形成的表面线条。

Data

开放时间：周——五 10:00—16:30
（入馆截止闭馆前15分钟）/休馆时间：周二、日、法定节假日，大学规定的休业日

Access

东京都世田谷区驹泽1-23-1/从东急田园都市线"驹泽大学"（公园口）步行10分钟

Takanawa Fire Department Nihonenoki Branch Office

高轮消防署二本榎驻外办事处

如灯塔般
守望一方祥和的
现代消防署

no.49

1933

警视厅总监会计营缮^①局/RC造3层、
带瞭望台

Access

东京都港区高轮2-6-17/从都营地铁
浅草线"高轮台"(A2)步行7分钟

1

186

① 营建修缮。

圆形的瞭望台如同灯塔。这一带在过去没有高楼大厦，据说从东京湾都能望见此台。因便于及时发现火情，从江户时代起被作为消防瞭望台使用，如今已成为一种传统。

而它发挥的新作用，则是无缝连接上、下建筑物的形状。"灯塔"之下是圆形的讲堂，转角的弧线一直连到2层。讲堂内部及台阶的窗户也做成曲线形，整个建筑酷似黏土捏出的造型。

钢筋水泥建造的建筑，因材料之一的水泥看似黏糊糊的，理论上可以将建筑做出任意形状。在想象力的激发下，组合性地利用曲面构建的建筑物风格被称为"德国表现主义"。该消防署正是在借鉴最新潮流的基础上建成的。

然而，这波潮流只在20世纪一二十年代昙花一现，只留下永远无法企及的昔日旧梦般的念想。

1.正是这8根梁柱搭起了圆柱形的塔屋①。梁与梁之间各装设两扇窗，采光极佳。
2.3.楼梯间的设计也为采光做足了文章。台阶做成线条柔缓的弧线，尽显曲线之美。
4.建筑物位处街道拐角，使曲面外形更加突出。

———————
①高楼顶上的小屋。

和朗公寓
一号馆·二号馆

云集了战前最新理念的 集合住宅

no.50

Bunzaburo Ueda

1935 — 1937

上田文三郎/木造2层

Access

东京都港区麻布台 3-3-26 及 25/从
东京地铁南北线 "六本木一丁目" 步
行6分钟

1

和朗公寓是战前尚不多见的西式租赁型集合住宅，其造型即便用今天的眼光来看，依然毫不过时。其设计者上田文三郎是一名农学家，同时在建筑和美术领域也有很深的造诣。他以在旅行地美国西海岸看到的科洛尼亚式住宅为参照，独立设计了这栋公寓。从1935年至1937年期间建成了全部5栋公寓，其中的1号馆、2号馆、4号馆至今仍在使用。

和朗公寓的名称中寓意着"开朗、和谐"。从它身上，总感到有些地方显得那么朴拙。涂刷漆料的墙面粗粝不堪，拱顶结构的弧线如同徒手绘制，木材的表面刨得粗心大意。

那形状各异的窗户，似在交头接耳，仿佛一群人轮流述说共同生活的乐趣。

1.出窗①的窗框，带圆窗的大门等，在当时都是难得一见之物，从中都可以发现自己心向往之的东西。
2.格子窗与对开的窗户交替安装。当时的出租屋都带家具，床、桌子、椅子、电炉、瓦斯炉齐备。
3.入口处带屋顶的拱形结构。
4.大门的设计也各不相同，各有特色。

① 向外打开的窗户。

4.

专栏② **各种灯具**

1.2.明治生命馆
3.4.赤坂王子饭店古典洋馆
5.东京国立博物馆 主楼
6.7.鸠山会馆
8.早稻田大学会津八一纪念博物馆
9.小笠原伯爵邸
10.11.天主教会筑地教堂

威廉·梅雷尔·沃利斯

William Merrell Vories ◎ 1880年生于美国堪萨斯州。1905年赴日，担任滋贺县立商业学校的英语教师。1907年辞去教师职务，开始布道生涯。此后以独立身份进行布道及建筑活动。1941年入日本国籍，改名为一柳米来留。1964年逝世。

[本书收录作品：日本基督教团麻布南部坂教堂→P176]

自学建筑成材
企业家身份亦自带光环

对威廉·梅雷尔·沃利斯评价的转变，其价值对我而言不亚于接受了一次重要的教育。

沃利斯在基督教精神的指引下，于1911年组织起"近江传教团"，同道者越来越多。

他相继开设了建筑设计事务所。20世纪50年代之前出手的建筑作品已多达841件。除关西的教堂和住宅之外，还有大阪的"大丸心斋桥店"（1922—1933年）、在京都四条大桥大放异彩的"东华菜馆"（1926年）、东京的知名酒店"山顶酒店"（1937年）等。在其他领域，他也有不小的建树。

直至1974年，由沃利斯创办的近江兄弟公司都在日本国内制造、销售曼秀雷敦牌软膏剂，使该药成为日本家庭的常备药。

沃利斯是世间少有的跨界赢家，在传教、建筑设计、医药品制销行业收获大满贯。

他还是一名伟大的业余建筑爱好者。他从未上过神学校，也不是宗教组织的传教士。他在少年时代就喜欢建筑并已打下了底子，却并未接受过建筑专业教育。而至于医药品制销，也是因为美国曼秀雷敦公司创始人认可沃利斯的生平事迹，而将其品牌在日本的代理权授予他。种种内在的必然性促成了沃利斯的跨界成就，使人们至今难以对其地位加以定义。

就拿沃利斯的建筑作品来说，因其本人不是专业人士，这使他必须设法施展事务所各方面人员的才智，将自己心目中理想的住宅精心地呈现出来。因此，当我们进入沃利斯的建筑作品中，不会费心为其寻找样式的归属，或追究整体的协调性，而只会萌生一种单纯想留在此地，感受此地的心情。

30年前，在建筑专业书籍中几乎找不到沃利斯的名字。而时至今日，他已名声大噪，日本各地的热心拥趸还开展了"沃利斯建筑文化全国联盟"等活动。

正因他不是所谓的专家，而是一名业余建筑爱好者，他的光芒才格外耀目。我们相信一定还有第二个、第三个沃利斯。而创造和发现"复古建筑"的脚步也从未停歇。

图书在版编目（CIP）数据

东京复古建筑寻影／（日）仓方俊辅著；方宓译. —武汉：华中科技大学出版社，
2020.6

（日本建筑流金岁月）

ISBN 978-7-5680-6099-8

Ⅰ.①东… Ⅱ.①仓… ②方… Ⅲ.①建筑艺术-介绍-东京 Ⅳ.①TU-863.13

中国版本图书馆CIP数据核字（2020）第062241号

TOKYO RETROSPECTIVE KENCHIKU SANPO
© SHUNSUKE KURAKATA & SHINOBU SHIMOMURA 2016
Originally published in Japan in 2016 by X-Knowledge Co., Ltd.
Chinese (in simplified character only) translation rights arranged with X-Knowledge Co., Ltd.
TOKYO,through g-Agency Co., Ltd, TOKYO.

本作品简体中文版由日本X-Knowledge授权华中科技大学出版社有限责任公司在
中华人民共和国境内（但不含香港、澳门和台湾地区）出版、发行。

湖北省版权局著作权合同登记 图字：17-2020-034号

东京复古建筑寻影
Dongjing Fugu Jianzhu Xunying

[日] 仓方俊辅 著
方宓 译

出版发行：华中科技大学出版社（中国·武汉） 电话：(027) 81321913
北京有书至美文化传媒有限公司 (010) 67326910-6023
出 版 人：阮海洪

责任编辑：莽 昱 康 晨
责任监印：徐 露 郑红红 封面设计：邱 宏

制 作：北京博逸文化传播有限公司
印 刷：北京金彩印刷有限公司
开 本：635mm×965mm 1/32
印 张：6
字 数：45千字
版 次：2020年6月第1版第1次印刷
定 价：79.80元